LA GUERRE DES MISSILES

Missiles et antimissiles tactiques
balistiques et non balistiques

Sous la direction de
Pierre PASCALLON

LA GUERRE DES MISSILES

Missiles et antimissiles tactiques balistiques et non balistiques

L'Harmattan
5-7, rue de l'École-Polytechnique
75005 Paris
FRANCE

L'Harmattan Hongrie
Hargita u. 3
1026 Budapest
HONGRIE

L'Harmattan Italia
Via Bava, 37
10214 Torino
ITALIE

PUBLICATIONS

DANS LA COLLECTION « DEFENSE »

Défense et renseignement, 1995

Quel avenir pour les drones ?, 1998

Les transmissions militaires, 2000

Quelles perspectives pour le deuxième porte-avions français ?, 2000

Quelles perspectives pour le Transport Aérien Militaire français ?, 2001

Quelle défense pour la France à l'aube du XXIème siècle ?, 2001

Quelles perspectives pour le renseignement spatial et aérien français après le Kosovo ?, 2001

ISBN : 2-7475-1635-0

Collection « Défense »

- Le moment n'est hélas pas venu - peut-il d'ailleurs venir ? - où la force militaire pourrait être reléguée dans le « *linceul de pourpre où dorment les Dieux morts* », chers à **André MALRAUX**.

  Le monde est en effet constitué de longtemps sinon de toujours « d'Etats-Nations » dont le nombre ne cesse de progresser et progressera sans doute encore au XXIème siècle s'il faut en croire la prophétie du Père **Serge BONNET** : « *Le XXIème siècle sera plus encore que le XXème siècle le siècle des Nations* ».
- Se pose à ces « Etats-Nations » le problème de leur défense, c'est-à-dire la fonction vitale d'assurer leur sécurité, leur paix, leur indépendance, l'obligation de préserver et de pérenniser les signes forts d'une identité nationale à travers les accidents de l'Histoire, à savoir : un territoire et la communauté consciente des hommes qui l'habitent. On peut convenir en effet d'appeler « *politique de Défense* » l'ensemble des mesures et dispositions de tous ordres prises par le Pouvoir pour assurer la sécurité et l'intégrité du territoire national dont il a la charge et, par ricochet, la paix du peuple qui y vit. Pour utiliser les termes très voisins retenus par l'ordonnance du 7 janvier 1959, la Défense « *a pour objet d'assurer en tout temps, en toutes circonstances et contre toutes les formes d'agression, la sécurité et l'intégrité du territoire ainsi que la vie de la population* ».
- Cette collection entend accueillir les réflexions qui touchent le domaine de la Défense ainsi défini, domaine global, multiforme, en constante évolution, en privilégiant bien sûr le cas de la France et de l'Europe dans un contexte qui est désormais, ici aussi, de plus en plus d'emblée « mondialisé ».

Pierre PASCALLON

Cet ouvrage rassemble les interventions prononcées lors du colloque sur le même thème, organisé par le Professeur **Pierre PASCALLON**, Président du Club "*Participation et Progrès*" et qui s'est tenu le 28 juin 2001, à Paris, à l'Assemblée Nationale.

Le vice-Amiral d'Escadre Jean BETERMIER a présidé aux débats. Nous le remercions pour sa constante gentillesse et son efficacité à maintenir le cap de ce navire particulier…

Merci aussi à tous nos intervenants qui ont bien voulu nous consacrer un peu de leur temps à nous faire partager leur savoir.

Merci encore à l'Amiral Pierre LACOSTE qui, « au pied levé », nous a apporté son concours.

Nous tenons enfin à dire notre gratitude à Pierre BAYLE et Jean-Claude RANVIER de MBDA, pour l'aide qu'ils nous ont aimablement fournie dans l'organisation de cette manifestation et ce, malgré l'emploi du temps qu'on imagine en plein Salon du Bourget ; et aussi à Pierre CONDOM, pour les mêmes raisons, et parce que le Club « *Participation et Progrès* » est conscient de l'apport du partenariat avec Air et Cosmos, la revue dont il dirige la rédaction.

SOMMAIRE

AVANT-PROPOS

par
Pierre PASCALLON
Professeur Agrégé de Faculté

Nous avons consacré un colloque, en 1998, dans le cadre du Club « *Participation et Progrès* », aux « ***Armes intelligentes*** ». Cette journée nous avait déjà permis d'aborder largement le thème des missiles et des antimissiles.

Il est vrai que l'utilisation des missiles et des antimissiles est allée en croissant dans les conflits récents. Qu'on pense déjà à la guerre des Malouines et, surtout, dans la décennie 90, à la guerre du Golfe avec utilisation de missiles *SCUD* par l'armée irakienne ; à l'opération anglo-saxonne baptisée « *Renard du Désert* » en 1998 contre l'Irak, avec utilisation de quelque 415 missiles de croisière contre une centaine d'objectifs en Irak ; jusqu'à la guerre du Kosovo et l'opération « *Force Alliée* » en 1999 où les Serbes ont tiré pour leur part un millier de missiles contre les avions de la coalition anti Slobodan Milosevic.

On avait bien ainsi, à la fin du siècle dernier, suite à ces diverses opérations, le sentiment que s'ouvrait une nouvelle ère où le missile jouait et jouerait un rôle de plus en plus privilégié à la fois sur le plan politique et sur le plan militaire. La possibilité semblait apparaître en effet de traiter les conflits les plus « usuels » sans recours au nucléaire avec des missiles de croisière à charge explosive classique, de haute puissance, de longue portée et de grande souplesse d'emploi.

Il nous a donc paru souhaitable, plus encore indispensable – cela a été l'objet du colloque du 28 juin 2001, à l'Assemblée Nationale à Paris, dont cet ouvrage rassemble les actes – de revenir plus en détail sur ce thème des missiles et des antimissiles, en se centrant – compte tenu de nos réflexions précédentes sur la défense antimissiles stratégiques[1] (concept relevant de la « **NMD**[2] ») - sur le domaine des missiles balistiques tactiques, des missiles non balistiques ou missiles de croisière, et celui des missiles surface-air antimissiles (systèmes antimissiles de théâtre, relevant de la « **TMD**[3] »).

L'actualité de ce thème « missiles et antimissiles » ainsi précisé apparaît en effet à plein en ce début du XXIème siècle, à l'heure plus particulièrement du lancement officiel et actif de MBDA – « *L'Airbus du missile* » -, de la signature par six pays européens de l'engagement de développer un nouveau missile air-air - baptisé, on le sait, *METEOR* - ; à l'heure de la nouvelle loi de programmation militaire 2003-2008 qui prévoit comme programme majeur la livraison de missiles de croisière *SCALP/EG* ; à l'heure de la percée des technologies antimissiles et du ralliement aux antimissiles de théâtre ; où, en ce sens, l'OTAN met en compétition deux coalitions d'industriels sur le projet d'un antimissile dit « *de théâtre* » propre à l'organisation atlantique.

Nul doute donc que cet ouvrage soit une référence essentielle pour toutes celles et tous ceux qui s'intéressent à plein aux problèmes de défense dans ce nouveau siècle.

---

[1] Cf. notre colloque du 03 mars 2000 au Sénat, à Paris, repris dans Pierre PASCALLON (sous la direction de) : Quelle politique de défense pour la France à l'aube du XXIème siècle ?, L'Harmattan, 2001

[2] **NMD** : National **M**issile **D**efense

[3] **TMD** : Theater **M**issile **D**efense

PREFACE

par
Jean BETERMIER
Vice-Amiral d'Escadre
Consultant International

Le colloque organisé par le club "*Participation et Progrès*" sur l'initiative de son Président, le Professeur Pierre Pascallon, sur le thème de « ***la guerre des missiles*** » prend place au moment où l'industrie européenne des missiles connaît une profonde transformation. La nouvelle société MBDA qui regroupe désormais Matra BAe Dynamics, Aérospatiale Matra Missiles et Alenia Marconi System, fédère les principaux missiliers de cinq pays européens. Elle occupe le deuxième rang mondial après Raytheon, laquelle regroupe déjà une grande partie de l'industrie américaine du secteur. Cette consolidation, qui s'accompagne d'une étroite coopération dans de nombreux domaines avec le groupe Thalès, doit à la fois permettre de mieux répondre aux besoins des forces armées européennes, favoriser leur interopérabilité et établir, dans ce domaine sensible et de haute technologie, les bases d'une compétition et d'une coopération équilibrées au sein de l'Alliance Atlantique.

Alors que les missiles prennent une place de plus en plus grande dans les conflits, comme on a pu le constater aux Malouines, dans le Golfe Arabo-Persique ou au Kosovo, le regroupement des missiliers européens est de nature à favoriser la standardisation de ce type d'armes au sein des forces européennes. Ce que l'on peut déjà observer avec l'adoption du système naval de défense surface-air antimissiles Aster et du missile de croisière SCALP/Storm-Shadow par la France, l'Italie et le Royaume-Uni ou encore par celle du missile air-air transhorizon Meteor par six nations européennes. Cette standardisation est particulièrement bienvenue, car outre les économies qu'elle permet de faire sur les développements et les fabrications, elle pourrait offrir la possibilité de constituer des réserves communes de munitions ou tout au moins de favoriser les soutiens réciproques, charge à l'utilisateur de les reconstituer sans tarder. Ceci est d'autant plus appréciable que tous les conflits récents ont mis en évidence la faiblesse des dotations au regard des consommations de missiles. On peut relever le fait que si la France, l'Italie et le Royaume-Uni n'ont pu s'entendre sur le choix d'une frégate commune de défense aérienne - en effet seules la France et l'Italie continuent dans cette voie - le programme Horizon aura au moins permis à leurs trois marines de choisir le même système principal de défense aérienne et antimissiles utilisant l'Aster.

Il eut été déraisonnable de vouloir traiter au cours d'une seule journée, tous les aspects de "la guerre des missiles". Le choix des organisateurs de ce colloque de se limiter à deux domaines, celui des missiles de croisière et celui des missiles surface-air antimissiles peut paraître quelque peu arbitraire ; mais il est cependant judicieux en raison des besoins des forces armées européennes dans ces deux domaines de lutte.

A la différence des conflits des deux derniers siècles où chaque protagoniste cherchait à détruire les forces de l'adversaire et les installations économiques qui sous tendaient son effort de guerre, les opérations de gestion de crise et de rétablissement de la paix doivent à juste titre être conduites avec le souci de minimiser les effets collatéraux et les destructions inutiles. Dans les circonstances actuelles, les conflits ne nous opposent pas à des nations, mais à des régimes qui violent le droit et remettent en cause la stabilité internationale. Dans ces conditions, c'est le pouvoir du perturbateur qu'il faut pouvoir menacer et, le cas échéant, annihiler, tout en évitant d'infliger des souffrances supplémentaires à la population ou des pertes humaines non justifiables à ses forces armées. L'emploi d'armes très précises doit permettre de concentrer les efforts sur les centres de décision de l'adversaire et ses points névralgiques dans le dessein de neutraliser ses capacités de réaction et de remettre en cause son pouvoir qui est peut-être la seule chose à laquelle il tienne vraiment. Il est souhaitable que ces armes aient l'allonge nécessaire pour que les unités amies puissent les tirer sans avoir à pénétrer à l'intérieur des défenses adverses et s'exposer à leurs feux. Plusieurs raisons militent en faveur du missile de croisière : tout d'abord la vulnérabilité croissante des avions de combat face à la multiplication des systèmes de défense et le risque de voir les pilotes tombés aux mains de l'adversaire transformés en otages et objets de chantage ; ensuite la vulnérabilité de nos opinions publiques face à l'exploitation possible par les medias de pertes significatives, et ce d'autant plus qu'il s'agit le plus souvent de conflits dans lesquels nos intérêts nationaux ne sont pas directement en cause ; enfin, pour des opérations prolongées, ce type d'arme peut fortement contribuer à affaiblir les défenses surface-air adverses et favoriser l'emploi ultérieur d'avions d'assaut mettant en œuvre des munitions moins coûteuses. On peut ici regretter que l'attention ne se soit pas portée sur le besoin d'armes anti-radar spécifiques, pour lesquelles les aviations européennes ont dû, pour la plupart, s'en remettre au soutien des avions de combat américains lors du conflit du Kosovo.

La mise en service du SCALP/Storm Shadow à partir de 2002 dans la Royal Air Force, puis en 2003 dans notre Armée de l'Air et l'Aéronavale va considérablement accroître les moyens de gestion de crise à la disposition de l'Union européenne, alors que celle-ci s'emploie à développer sa dimension "défense".

Mais le missile de croisière peut également être mis en œuvre par des frégates ou des sous-marins. Ces unités n'ont certes pas la puissance de feu et le caractère démonstratif du porte-avions - unités dont le nombre est particulièrement limité au sein des marines européennes - elles se prêtent néanmoins bien à l'exercice d'une menace contre la terre. Déployées dès les premiers signes d'une crise, les unités navales peuvent effectuer une attente prolongée dans les eaux internationales et, à défaut de dissuader le perturbateur, l'inciter à la prudence. L'US Navy, sans pour autant renoncer à ses futurs porte-avions, prévoit de donner comme mission principale à sa future génération de destroyers, "les DD21 ou Land Attack" l'action contre la terre. Le sous-marin, quant à lui, bénéficie de la discrétion, tandis que la propulsion nucléaire lui donne de remarquables capacités de permanence sur zone. On sait par ailleurs que certains sous-marins d'attaque britanniques sont déjà équipés du missile de croisière Tomahawk, tout comme leurs homologues de la marine américaine. Cette dernière, après avoir un temps envisagé la réalisation d'un "Arsenal ship" - unité assez rudimentaire mais équipée de plusieurs centaines de missiles de croisière - est sur le point d'entreprendre la conversion de deux sous-marins stratégiques Ohio, rendus disponibles par les mesures de réduction des armements nucléaires, en porteurs de missiles de croisière. Ces sous-marins seront très probablement équipés de mini drones consommables.

Ces idées d'Arsenal-ship sont défendues en France avec beaucoup de ténacité depuis une dizaine d'années par l'ingénieur René Loire, lequel n'hésite pas à soutenir avec son "Frappeur" le concept d'un navire peu coûteux, mis en œuvre par un équipage très réduit, et jetable une fois accomplie sa mission de tir de plusieurs centaines de missiles.

Il est donc hautement souhaitable que le projet de la Marine Nationale visant à doter, à l'horizon 2010, ses futures frégates multimissions et ses sous-marins nucléaires d'attaque de nouvelle génération d'une version adaptée du SCALP aboutisse. On peut d'ailleurs penser que cet exemple sera suivi au sein de l'Union européenne.

La protection de nos forces contre la menace aérienne et celle des missiles aérodynamiques et balistiques constitue le second thème de réflexion et de débat de ce colloque.

Le système surface-air antimissiles Aster qui fait l'objet d'une version navale et d'une version terrestre répond lui aussi à un besoin urgent après la réorientation des missions des forces armées vers des zones de crise où prolifèrent missiles aérodynamiques et balistiques éventuellement équipés d'armes de destruction massive.

Les marines occidentales, auxquelles il revenait pendant la guerre froide, face aux menaces sous-marines ou aéronavales des forces du Pacte de Varsovie, d'assurer la liberté de navigation en haute mer et la protection de nos approvisionnements et, si nécessaire, celle des renforcements du théâtre européen, sont désormais appelées à opérer à proximité de terre dans l'accomplissement de missions de projection de forces ou de puissance. Elles se trouvent alors en portée des aviations tactiques basés à terre et de missiles aérodynamiques anti-navires pouvant être tirés de plates-formes terrestres, aériennes ou navales. Il reviendra donc aux frégates de défense aérienne équipées du missile Aster d'assurer, non seulement la protection rapprochée du porte-avions, mais aussi celle des transports d'assaut appelés à opérer au plus près de la zone terrestre d'opérations. Les forces navales ont par contre peu à craindre des missiles balistiques tant qu'elles conservent une mobilité suffisante, mais, face à cette menace, elles pourraient éventuellement participer à la couverture des unités terrestres ou aériennes déployées dans la zone côtière.

La guerre du Golfe, après la guerre des villes entre l'Iran et l'Irak, a mis en évidence à la fois les rôles stratégiques et tactiques que peuvent jouer des missiles balistiques aussi rudimentaires que les Scud. Employés par l'Irak contre les villes israéliennes, avec une menace virtuelle de charges chimiques, ils auraient pu, sans l'intervention des batteries de Patriot américaines ne laisser d'autre possibilité à Tel Aviv que d'entrer dans la guerre, ce qui n'eût pas manqué de faire voler la coalition en éclats. Sur le plan tactique les Scud ont, lors de la destruction de la caserne de Dahran, infligé aux forces américaines les pertes les plus fortes qu'elles aient eues à subir au cours de ce conflit. La prolifération, dans les zones d'action les plus probables de nos forces, de missiles balistiques pouvant être dotés d'armes de destruction massive rend difficilement concevable que l'on puisse déployer nos éléments sans aucune protection. Cette situation justifie pleinement l'adaptation de nos futurs systèmes surface-air afin de pouvoir contrer ce type de menaces. C'est fort heureusement le cas pour la version SAMP/T du système Aster destinée à équiper nos forces projetées, ainsi que celles de l'Italie.

Mais l'augmentation continue de la portée des dérivés du Scud, tout comme celle des missiles provenant de la filière technique développée par la Chine, impose de réfléchir aussi à la protection des populations des pays qui auront à accueillir nos forces et, à plus long terme, à celle de nos propres territoires, si nous voulons conserver notre liberté de manœuvre politique et ne pas avoir à céder à un chantage. Il s'agit bien davantage de pouvoir disposer d'une arme de gestion de crise que d'un bouclier étanche. Les missiles Patriot modifiés à la hâte dont nous avons évoqué le rôle déterminant lors de la guerre du Golfe n'étaient pas techniquement très efficaces, bien moins performants que ce qui est aujourd'hui réalisable… et pourtant ! Il faut ici se méfier des mots car les difficultés techniques de réalisation d'un véritable bouclier et les incertitudes sur son coût sont de nature à nous conduire au renoncement. Enfin, si la menace paraît bien éloignée dans le temps, il faut garder présent à l'esprit le fait qu'il est techniquement beaucoup plus facile de développer des missiles balistiques rudimentaires que les systèmes destinés à les contrer ! L'expérience montre qu'une dizaine d'années suffit à un proliférateur pour y parvenir, alors qu'il en faut une vingtaine pour réaliser un système capable d'assurer une défense minimale.

L'étude de faisabilité d'une défense aérienne élargie à la lutte antimissile décidée par l'Alliance Atlantique, lors du

Sommet de Washington en 1999 - étude à laquelle les sociétés européennes EADS et Astrium vont participer très activement - devraient donner de solides éléments techniques d'appréciation, mais il reviendra à l'Union européenne de prendre en compte la dimension politique qui lui est propre. En effet, face à ces risques, les inégalités entre les Etats membres de l'Union résultent à la fois de la géographie et de leur statut stratégique. La géographie fait que certains pays pourront être vulnérables beaucoup plus tôt que d'autres. Est-il raisonnable de se contenter de cette constatation sans réagir ? Le statut de puissance nucléaire de la France et du Royaume-Uni les incite à s'en remettre plus ou moins à leur politique de dissuasion, mais quelles garanties peuvent-ils donner à leurs partenaires et qu'elle en serait la crédibilité aux yeux d'un agresseur éventuel ? L'Union européenne devra bien trouver une réponse commune, si elle veut être capable de maintenir sa cohésion en temps de crise.

INTRODUCTION GENERALE

-a-

Nouveaux risques, nouvelles menaces, prolifération et facteurs de crise

par
Thierry d'ARBONNEAU
Contre-Amiral
Chef du Bureau Etudes et Stratégie Militaire Générale
Etat-**M**ajor des **A**rmées (**EMA**)

La réflexion sur les nouveaux risques, les nouvelles menaces de proliférations et les facteurs de crise doit être menée avec un certain recul car les soubresauts du monde actuel incitent à des emballements où l'effet de mode n'est pas absent, ni les arrières pensées. De plus du risque à la menace il y a un coefficient de probabilité d'occurrence, difficile à mesurer et à appliquer, mais indispensable pour à la fois ne pas tomber dans un catastrophisme désespérant conduisant à prendre des mesures inadaptées, et pour ne pas non plus rester sur un petit nuage dont la dissipation s'est appelée Sedan en 1870 et Dunkerque 70 ans plus tard. Le pire peut être décrit mais le pire n'est pas toujours sûr, nous devons cependant l'envisager et nous y préparer.

Un regard sur la période écoulée est nécessaire. Je n'insisterai pas sur la situation d'avant 1990 alors que des arsenaux d'armes de destruction massive considérable soutenaient des idéologies et des systèmes opposés. L'arsenal monstrueux de l'URSS en matière nucléaire ou biologique n'a pas empêché ce pays de s'effondrer. Dans les dix années qui viennent de s'écouler le risque des crises s'est multiplié par vingt ce qui peut conduire à penser qu'un des premiers facteurs des déclenchements des crises est la disparition de la bipolarité. Pendant cette période des massacres ont été perpétrés mais les armes de destruction massive ont été plutôt conventionnelles : les génocides en Afrique se sont faits à coups de machettes, les crimes de guerre en ex-Yougoslavie ont été commis avec des armes individuelles ou de l'artillerie. En parallèle la prolifération a augmenté mais pour l'instant les pays proliférants non pas atteint leur but. Le meilleur exemple en est l'Irak qui n'a pu éviter une cuisante défaite. Il faut pourtant remarquer que les opérations menées contre ce pays et qui se prolongent ne sont pas parvenues à éradiquer avec certitude ses programmes biologiques.

Quand on cherche à déterminer de manière synthétique les facteurs de crises d'aujourd'hui, on constate qu'ils se résument le plus souvent à un cocktail associant pauvreté et décalages intercommunautaires, alimenté par les surplus de population. Ces facteurs sont vieux comme le monde mais dans les décennies écoulées ils n'ont pas été les causes premières des conflits : les guerres mondiales ou le Vietnam résultent davantage de démarches impérialistes ou idéologiques. Cette situation est favorable aux réactions identitaires de type national, ethnique ou religieux, et soutient les ambitions hégémoniques.

La première conséquence est que la réponse ne peut être uniquement militaire mais qu'elle sera longue et associera toutes les composantes civiles, diplomatiques et sociales. Là se trouve un premier risque qui est de se trouver entraîné dans une situation très difficile à gérer, à l'image du « bourbier vietnamien », et si l'on en sort aussi mal qu'au Vietnam, le risque est grand que le mauvais exemple soit reproduit à l'infini. Cette situation entraîne également des volontés de multi-polarité pour tous ceux qu'un monde unipolaire ne satisfait pas et qui souhaitent être les pôles alternatifs. L'Inde, la Chine, l'Iran ... appartiennent à cette catégorie et cherchent à se doter des armes qui correspondent à ces ambitions. Pour d'autres pays plus modestes qui veulent en découdrent, il leur faut se doter de moyens qui leur permettent d'agir efficacement. Si des armes conventionnelles et rustiques suffisent pour les adversaires locaux, il en va tout autrement pour s'opposer aux grandes puissances qui interviennent au nom des droits de l'homme. Et c'est là que se trouvent les nouveaux risques et les nouvelles menaces.

Le premier de ces nouveaux risques est le terrorisme qui peut toucher nos soldats dans le but de faire plier notre volonté d'intervention en influençant les opinions publiques ; le terrorisme peut également toucher directement nos populations et nos sociétés. Il est de plus en plus difficile à contrer parce que moins centralisé, lié aux économies criminalisées et aux mafias, avec des intérêts financiers considérables en jeux, également parce qu'il s'appuie sur des extrémismes religieux et qu'il est trans-frontières. Enfin, si les actes de terrorisme sont de moins en moins nombreux, ils sont plus violents et pourraient utiliser un jour des armes biologiques ou chimiques.

Le deuxième risque concerne la sphère de l'information. Comme le monde de l'économie et notre société dans son ensemble, les forces armées s'appuient de plus en plus sur les systèmes d'information. Si ces systèmes apportent plus d'avantages qu'ils ne comportent de risques, ceux-ci doivent être pris au sérieux, dans toute la gamme sur laquelle ils peuvent porter. Celle-ci va de la stratégie de communication alors qu'une propagande peut-être diffusée aisément sur Internet, jusqu'aux attaques physiques ou logicielles de nos réseaux. Un cas particulier de vulnérabilité se trouve dans le système GPS qui fournit la position mais également l'heure et se trouve ainsi le point commun de très nombreuses installations.

Le troisième risque concerne la prolifération. Bien que contenue, elle tend à augmenter. Les régimes juridiques sont en effet mis à mal et paraissent s'essouffler. La demande augmente dans les pays qui veulent exister, être reconnus, faire preuve d'hégémonie ou dissuader leurs voisins. L'offre augmente également en particulier parce que les technologies se banalisent. Enfin la prolifération est efficace, à preuve les moyens considérables mis en œuvre pour s'y opposer.

Le premier domaine de prolifération concerne la balistique qui reste le facteur privilégié par rapport à d'autres tels les drones ou les missiles de croisières. Le missile balistique est une arme politique symbolisant la puissance et la terreur mais elle n'est que peut accessible et seul un petit nombre de pays déterminés en possèdent. Le deuxième domaine est celui du nucléaire. Le TNP a montré son efficacité mais certains pays ont fait les efforts nécessaires pour se doter d'armes nucléaires (Inde – Pakistan). C'est état de fait montre que dans cette partie du monde la vision n'est pas la même que la nôtre et que ces pays gardent le sentiment d'existence d'ennemis à leur frontière. La tentation de se doter d'armes nucléaires risque d'augmenter en Asie et en Extrême-Orient.

En dehors du nucléaire, le biologique est le seul moyen efficace de destruction massive de la population. Il est difficile d'en évaluer l'existant car il est aisé d'accéder à des souches classiques, l'évolution attendue se portera sur des moyens non létaux comme les bactéries mangeuses de matériaux ou sur tout ce qui relève du génie génétique. La munition chimique en revanche est plus compliquée à mettre en œuvre, ses effets sont moins étendus et mal contrôlables. L'effet d'annonce lié à l'emploi d'armes chimiques reste cependant très fort.

En conclusion il faut prendre en compte la prolifération qui est un facteur clef pour l'avenir de nos armées, mais la réponse doit être mesurée et adaptée. Il faut hiérarchiser les menaces, ne pas céder au slogan (à la menace soviétique succède la prolifération d'armes de destruction massive), mais l'essentiel est d'éviter de donner une réponse simplement technique à une menace qui, elle, est d'ordre stratégique.

-b-

Missiles et antimissiles :
leçons des conflits passés et perspectives pour l'avenir

par
Bruno TERTRAIS
Chargé de mission auprès du Directeur
Délégation aux **A**ffaires **S**tratégiques (**DAS**)
Ministère de la Défense

Historiquement, l'on peut dire qu'il y a quatre modes d'utilisation des missiles conventionnels.[1]

- Premièrement, le bombardement stratégique, axé sur les concentrations urbaines, et destiné essentiellement à affecter la décision politique en s'attaquant aux populations civiles. C'est l'un des modes d'utilisation les plus courants jusqu'à présent. Son acte de naissance, ce sont les 1.600 *Vergeltungswaffe-2* tirés sur Anvers, 1.400 sur Londres et le sud de l'Angleterre (dont seulement 500 sur l'objectif), sans oublier 19 sur Paris... Dans la période moderne - que l'on pourrait nommer « l'ère de la guerre des *Scud* » - il réapparaît, à petite échelle, lors de la guerre du Kippour en 1973 (tirs d'un petit nombre de missiles sur Israël), lors de la « guerre des villes » entre l'Iran et l'Irak en 1988 (près de 200 missiles tirés), avec un impact plus important, et à l'occasion d'un épisode moins connu mais qui mérite d'être mentionné en raison du nombre de missiles tirés : le siège de Jallalabad en Afghanistan (1989), qui vit le tir de quelques 400 missiles. La guerre du Golfe est le dernier événement marquant en date, avec une cinquantaine de missiles tirés par l'Irak sur Israël et autant sur l'Arabie Saoudite.
- Deuxièmement, une utilisation à visée directement militaire, la neutralisation ou destruction d'objectifs (qui n'exclut pas, dans certains cas, la recherche d'un effet politique). Les missiles ont ici succédé aux fusées à poudre, dont l'utilisation militaire est déjà vieille de plusieurs siècles. Les Soviétiques et leurs alliés gouvernementaux s'y sont essayés en Afghanistan avec un nombre très important de missiles tirés (près de 2.000 au total pendant les 10 ans de guerre). L'Irak a également tenté quelques frappes de ce type contre les forces américaines en 1991 avec peu de succès si l'on excepte la tragédie de Dharan (28 morts, 99 blessés). En

---

[1] Non compris les roquettes à courte portée de type *Frog*.

revanche, le recours au missile de croisière par les forces américaines et britanniques, depuis 1991, s'avère beaucoup plus efficace. Il a été utilisé depuis à de multiples reprises sur l'Irak, mais aussi sur la Bosnie (1995) et la Serbie (1999). Enfin, plus récemment (printemps 2001), l'Iran a semble-t-il utilisé des missiles *Scud* contre les camps *mudjahiddin* en Irak.

- Troisièmement, le raid américain de représailles anti-terroristes, qui est un mode plus nouveau. En fait, le missile de croisière est venu remplacer le bombardement conventionnel, comme celui de Tripoli et Benghazi en 1986 après un attentat contre une discothèque fréquentée par des Gis à Berlin. A l'époque, les *Tomahawk* étaient surtout dédiés aux missions nucléaires, et les planificateurs américains ne disposaient sans doute pas encore de cartes suffisamment précises. C'est donc un mode relativement récent, que l'on a vu apparaître en 1999, avec les raids sur l'Afghanistan et le Soudan après deux attentats perpétrés contre des ambassades américaines en Afrique.
- Enfin, quatrième et dernier mode, le tir de gesticulation, comme celui tenté par le colonel Kadhafi, après le raid américain, sur l'îlot italien de Lampedusa (1986), et surtout les « essais » chinois de missiles M9 destinés à intimider Taiwan, en 1995 et surtout en 1996 lors des élections.

Quelles conclusions peut-on tirer de ce rapide survol historique ?

- Le missile balistique conventionnel apparaît comme un moyen de coercition utilisé surtout en Asie (y compris le Moyen-Orient). Sa vocation psychologique et politique est de loin la plus importante, car il reste peu meurtrier et peu précis.[2] Il est relativement inefficace de ce point de vue, mais oblige le défenseur à détourner des ressources militaires,

[2] Les campagnes allemandes de 1944-1945 (plus de 3.000 engins utilisés) ont causé la mort d'environ 12.700 personnes en Europe.

comme on l'a vu lors de la 2ème Guerre mondiale et surtout lors de la Guerre du Golfe. Par ailleurs, il est, dans une certaine mesure, un instrument de contournement de la supériorité aérienne adverse.

- Le missile de croisière, d'apparition plus récente, est un moyen de coercition exclusivement occidental aujourd'hui, arme « d'emploi » ou de représailles. Il tend à remplacer l'aviation dans certains rôles. A tous égards, il apparaît comme une arme plus « traditionnelle » que le missile balistique, et militairement beaucoup plus efficace.

Interrogeons-nous maintenant sur l'avenir des missiles conventionnels et de leur utilisation possible dans les conflits futurs. Quelques points semblent devoir être mis en exergue.

- Le nombre de pays détenteurs de missiles balistiques devrait rester stable. Hors puissances nucléaires reconnues, une trentaine de pays en disposent, soit un tout petit peu moins qu'au début des années 1980 (cf. Brésil, Argentine), mais beaucoup plus (une dizaine) qu'au début des années 1970. Mais les arsenaux de *Scud* légués par l'Union soviétique sont vieillissants, et ceux des acteurs qui n'en ont pas entrepris le recyclage les verront disparaître par attrition naturelle (cf. Afghanistan, Pologne, Vietnam, Yémen...). Enfin, le nombre de nouvelles puissances balistiques devrait rester limité (Corée du Sud).
- Le total du nombre de missiles balistiques dans le monde ne devrait pas connaître de variation considérable. En effet, l'on assiste à un double mouvement : d'une part, le désarmement des puissances nucléaires reconnues, qui a conduit à une réduction très importante du nombre de missiles de plus de 3.000 kilomètres depuis une vingtaine d'années ; d'autre part, l'armement des puissances régionales, qui développent des missiles désormais moins rudimentaires (propulsion solide, guidage de précision), ces développements intervenant plus rapidement que par le passé

en raison des coopérations internationales. Mais ces arsenaux devraient rester relativement limités en nombre dans la mesure où leurs doctrines d'emploi semblent surtout privilégier l'effet politique (sans exclure un effet d'interdiction limité sur un théâtre, par exemple à l'aide de charges chimiques).

- La portée moyenne des missiles balistiques « régionaux » augmente. Ces missiles sont également, dans certains cas, rapidement diffusés. Le *No-Dong* pourrait être au 21ème siècle ce que le *Scud* fut au 20ème... Ces missiles permettront aux pays qui les détiennent de procéder à l'« escalade horizontale » d'un conflit, et sans doute, à terme, d'exercer un chantage sur des pays occidentaux qui seraient à leur portée. Le développement des *Taepo-Dong* et *Agni* augure de la réapparition des missiles de la classe 3.000-5.000 kilomètres, qui avaient disparu de la région euro-atlantique. Enfin, les ambitions spatiales de puissances émergentes sont également un facteur d'accroissement des portées.
- L'emploi des missiles sera plus fréquent que par le passé. Le missile balistique s'imposera naturellement chez les puissances en développement comme le moyen « asymétrique » de choix pour contourner la supériorité militaire d'un adversaire, notamment occidental.
- Le missile de croisière devrait se substituer au missile balistique et à la pénétration aérienne en profondeur pour les frappes militaires à distance. Ce sera le cas pour les pays occidentaux, mais aussi pour les puissances régionales. La facilité d'accès à certaines technologies (ex : GPS), et le besoin de contourner les futures défenses anti-missiles occidentales, permet de dire qu'il s'agit de la « prolifération de demain ».
- Les tirs de missiles balistiques devront être traités comme potentiellement porteurs de charges NBC. Il est quasiment impossible de déterminer à l'avance la charge des missiles tirés. Les pays visés devront donc considérer qu'une menace

balistique est potentiellement une menace NBC, ce qui les contraindra à détourner des ressources significatives pour le traitement *a priori* ou *a posteriori* de la menace.

- Les conflits régionaux se dérouleront dans un contexte de défenses contre-missiles (balistiques et de croisière) opérationnelles. La bataille entre les composantes offensive et défensive s'ajoutera à la bataille pour la supériorité aérienne. La « dialectique de l'épée et du bouclier » jouera tout autant. Mais l'on ne saurait balayer d'un revers de main les défenses anti-missiles en suggérant que celles-ci ne seront jamais totalement efficaces : à ce compte-là, en effet, il serait inutile de déployer des défenses anti-aériennes ! On peut bien sûr suggérer que s'agissant des défenses du territoire, il est politiquement impossible de laisser passer un seul missile. Mais c'est une analyse à courte vue. En effet, dans tous les cas de figure, mieux vaut en laisser passer un qu'en laisser passer vingt... Surtout, l'on ne saurait oublier que les défenses ont un rôle politique et psychologique important : on se souvient que le déploiement des *Patriot* américains, modifiés à la hâte et peu efficaces, avait joué un rôle politique important lors de la Guerre du Golfe, en permettant une certaine retenue de la part d'Israël.

Nous entrons donc dans une nouvelle ère stratégique, dans laquelle le missile jouera un rôle privilégié, à la fois sur le plan politique et sur le plan militaire.

Pour finir, un « coup de projecteur » particulier doit être donné sur deux régions où pourraient se dérouler les futures guerres de missiles. D'abord, l'Asie du Nord-Est, avec deux théâtres :

- Le détroit de Formose. La RPC déploie en nombre, dans les régions côtières, des missiles à moyenne portée qui seraient sans doute utilisés massivement contre Taiwan en cas de conflit. C'est, dans les faits, les seuls moyens dont elle dispose aujourd'hui pour tenter de faire plier l'île rebelle.

- La péninsule coréenne. Si une guerre devait éclater sur la péninsule, il ne fait pas de doute que les missiles seraient employés en nombre par Pyong-Yang, à courte portée sur le théâtre des opérations, dans un but militaire, et à moyenne portée contre la Corée du Sud et peut-être le Japon, dans un but politique.

Ensuite, le Moyen-orient, où il paraît raisonnable de partir du principe que toute intervention occidentale s'effectuerait sous une menace balistique.[3]

[3] Le sous-continent indien est absent de cette liste. Il paraît en effet peu probable que les deux protagonistes se risquent, dans le contexte actuel, à procéder à des frappes balistiques conventionnelles, l'adversaire pouvant se méprendre et y voir un tir nucléaire.

-c-

Missiles et antimissiles sur un théâtre d'opérations :
L'inéluctable dialectique du glaive et du bouclier

par
Henri PARIS
Général (CR)
Président du Club « Démocraties »

J'articulerai, si vous voulez bien, mon exposé en deux parties.

La première partie aura trait beaucoup plus à cette dialectique du missile et de l'antimissile : la dialectique de la cuirasse et du projectile.

Ma deuxième partie sera plus particulièrement axée sur un corps expéditionnaire, sur une force d'intervention et, beaucoup plus simplement encore, sur la future force européenne.

En préalable, il y a lieu de remarquer que, depuis qu'il existe une histoire écrite, c'est-à-dire quelque chose comme trente siècles, a toujours couru le dogme de l'arme absolue. La recherche de l'arme absolue est le rêve caressé par tous les stratèges, tous les politiques, tous les hommes de guerre. Entre autres, on a cru trouver cette arme absolue avec le nucléaire, bien entendu, mais aussi avec l'arme intelligente, le missile de haute technologie. Or, il n'y a jamais eu d'arme absolue. Jamais ! Tout système d'arme, toute arme entraîne sa contre-mesure.

On peut multiplier les exemples à l'infini. En commençant par le glaive en acier trempé et, en terminant par le missile à tête intelligente de croisières, le missile balistique et même mirvé, non-mirvé, etc... Cette dialectique du glaive et du bouclier se fait même bien souvent par anticipation. C'est ainsi que, dès qu'une mesure est mise en place, on songe à sa contre-mesure.

Vous saurez qu'il faut une quinzaine d'années pour concevoir, rechercher et développer une arme. Parallèlement, le bon concepteur imagine la contre-mesure, sachant que l'adversaire va chercher la contre-mesure. Alors, on développe une contre-mesure à la contre-mesure. Ainsi, dès que l'on commence une recherche, on pense immédiatement à la contre-mesure, en même temps, presque simultanément. Je dirai que, c'est de bonne politique. C'est cela la véritable pensée militaire. Il est nécessaire de bien comprendre que la contre-mesure est inéluctable. Alors autant y réfléchir soi-même pour pouvoir la déjouer et, évidemment alimenter cette éternelle spirale dialectique de ce glaive et de ce bouclier qui s'opposent. Bref, de l'offensive et de la défensive qui s'entremêlent mutuellement.

Alors, le missile à "tête intelligente", le missile arme intelligente, bien entendu appartient à un système d'armes complexifié, c'est-à-dire qu'il ne s'agit plus uniquement - mais c'est une banalité - d'un seul système d'armes. Nous avons affaire à un système de systèmes. Nous semblons le découvrir maintenant. C'est une erreur. L'armement ne s'inscrit plus dans un système d'armes, mais dans un système de systèmes qu'unit - que doit unir - une très étroite cohérence.

Si je reprends un exemple historique et banal : qu'était un cuirassier ? Un système qui consistait à avoir une latte. Il fallait que la latte soit plus longue que le chanfrein du cheval et il fallait qu'au-dessus de la tête du cheval, la latte soit calculée de manière qu'elle ait 40 cm de plus que la baïonnette qu'opposait le fantassin anglais, lorsque la seule division d'arme des cuirassiers a eu sa plus grande expansion. Le cheval, la latte et le bras du cuirassier étaient un système d'armes. L'escadron, c'est-à-dire une force organisée et l'appui d'infanterie et d'artillerie offraient un autre système en symbiose avec le précédent. Il s'agissait déjà d'un système de systèmes. Pour peu que l'un des éléments de ce système de systèmes soit défaillant, la nécessaire cohérence était rompue. C'est ce qui se passa à Waterloo. C'est ce qui ne fut pas le cas à Friedland et à la Moskowa. J'arrête sur les exemples historiques. On peut les multiplier, retrouver les obliques.

Nous avons donc cette bataille de système de systèmes. A un système de systèmes de missiles s'oppose bien entendu un système de systèmes antimissiles. Je parle bien de système de systèmes parce que cela met en jeu, bien sûr, des moyens de tir, de portée de vecteurs, l'explosif à tête conventionnelle ou nucléaire. Vous remarquerez-là, que devient secondaire ce que l'on met dans le nez de ce missile. Cela ne concerne que l'effet destructif attendu. En revanche, le bon acheminement du missile dépend des moyens de transmission, de lecture au sol, des logiciels imprimant la direction et de la dimension spatiale qui va permettre la localisation exacte de la cible.

La contre-mesure va emprunter la même technologie, à cette différence que la cible, le missile assaillant, se sent dans l'espace. Au plan théorique, la différence est faible. Au plan concret, c'est une autre affaire. Mais, la difficulté n'est pas insurmontable puisqu'elle a trouvé une solution théorique. C'est cette idée de missiles et d'antimissiles, de systèmes et d'anti-systèmes et de système de systèmes qu'il faut avoir à l'esprit.

Bien entendu, les premiers à mettre en place un système d'armes cherchent à en limiter la propagation de manière à conserver un monopole de puissance. C'est bien évident ! Dans cette spirale, dans cette dialectique du glaive et du bouclier aucune limitation d'arme n'a jamais réussi. Jamais. Jamais! Il n'y a aucune raison qu'un système politique quelconque puisse s'opposer à la prolifération des missiles. On a bien sorti un Traité, un accord MTCR, limitant les exportations, les transferts de technologie, pour prendre un langage moderne. Bien entendu, ce MTCR est tout aussi tourné que les autres Traités. En réalité, on ne limite pas la propagation d'une arme ou elle se limite par elle-même parce qu'elle est dépassée par une autre arme plus performante, comme l'arbalète l'a été par l'arme à feu, comme le blindage coulé massif l'a été par des plaques organisant un blindage composite. Elle est supplantée par une autre arme beaucoup plus effective et, à ce moment-là, elle est à peu près universellement adoptée. Je dis à peu près, parce que c'est une question de temps.

On peut aussi, ce sera une conclusion à cette première partie, bien voir que le missile avec l'antimissile limite la puissance de l'arme aérienne de l'avion, en tant que support d'armes, en tant qu'argument d'un système d'armes. On peut, en prospective, estimer que le missile, vecteur offensif, supplantera le vecteur avion. L'avion est condamné à disparaître dans cette fameuse dialectique parce que, il est trop vulnérable à d'autres systèmes. L'avion disparaîtra au profit du missile. De même que l'arbalète a disparu au profit de l'arme à feu. Seulement cela prendra du temps, parce que l'avion, vecteur pilote, développe des contre-mesures face au missile anti-aérien. Mais à terre, il a perdu la bataille. Remarquez, que l'avion piloté n'est plus qu'un support, un vecteur portant un missile. Dans la dialectique entre l'arbalète et l'arme à feu, cette arbalète a demandé quatre siècles pour disparaître. Avec l'accélération de l'Histoire, l'avion de combat disparaîtra plus vite. Il a cependant quelques beaux jours devant lui.

Passons, si vous voulez bien, à une force aéro-terrestre. J'énonce la thèse selon laquelle il est totalement invraisemblable qu'une force terrestre quelconque, basée à terre ou navale ou aéro-terrestre ou aéronavale, puisse se passer d'une défense antimissile, puisqu'elle sera inévitablement attaquée par des missiles. Si elle n'a pas cette défense antimissile, alors nous sommes ramenés au système de l'arme absolue. C'est-à-dire que le missile foudroie et, sans rémission s'il n'y a pas de contre-mesure. Mais la défense existe ; encore s'agit-il de la mettre en place ! Et elle sera mise en place et inévitablement mise en place. Avoir au-dessus de soi, dans l'espace intra et exo-atmosphérique, une absence de défense antimissile est condamner cette force, qu'elle soit navale ou terrestre, à la mort. C'est commettre une erreur stratégique aussi puissante et aussi gigantesque que celle qu'ont commise les Français en 1940, en n'ayant pas de défense antiaérienne adaptée au système allemand, à l'époque, c'est-à-dire face à l'avion Dassault, *le Stuka,* très exactement. Les Français l'ont compris à leurs dépends en 1940. Il leur reste à en tirer des conclusions, des conclusions modernes. Ce même principe, les Irakiens l'ont appris et l'ont compris à leurs dépens en 1991. Il s'agit donc de cette défense antimissile qu'il faut impérativement développer.

J'en arrive maintenant à un point qui est très net et qui nous interpelle, comme on dit. C'est la création de ce corps européen, de cette force de projection de 60.000 hommes. Elle aura ou elle n'aura pas des moyens de commandement, bien entendu. Mais, en sus, elle aura ou elle n'aura pas un bouclier antimissile au-dessus d'elle. Si elle ne l'a pas, ce système de systèmes antimissiles, cette force ne servira à rien. Si ce n'est que, le jour où elle sera envoyée, quelque part, en admettant qu'elle le soit, et bien, elle sera détruite inévitablement, irrémédiablement. A moins qu'elle ne soit opposée à des tribus armées d'arcs et de flèches. Voyez, la perspective contre les Sioux ou les Cheyennes me paraît tout à fait aléatoire.

Et dernier point, je viens d'énoncer que la TMD était absolument indispensable. Maintenant, cette défense, ce bouclier antimissile sera-t-il européen, oui ou non ? S'il n'est pas européen, s'il introduit de la technologie étrangère et, notamment américaine, et bien cette force européenne ne sera pas autonome. Elle sera soumise à un veto de facto américain. Il est inutile, dans ces cas-là, de continuer à se congratuler et de parler d'identité européenne de défense, de paix ou de quoi que se soit d'autre.

QUESTION 1 : Didier COMPARD

Je voudrais faire une remarque sur l'exposé du Général Paris, qui dit que le balistique nucléaire n'est pas l'arme absolue. Pour l'instant, c'est l'arme absolue, c'est justement le problème. Les défenses antimissiles n'existent pas. Je crois qu'il faut prendre en considération que le missile balistique est l'arme absolue. Il faut se protéger actuellement contre ça. Mais, tant que le missile est l'arme absolue, constatons-le, agissons en conséquence !

Le deuxième point, Général Paris, sur la nécessité de réfléchir à une défense européenne, une protection européenne, je suis absolument d'accord avec vous.

Nous sommes en ce moment dans une période où l'investissement qui est fait aux États-Unis dans le domaine de la NMD, qu'on appelle maintenant "Missile Défense Système", et le SLI, font que, si nous ne réagissons pas et si nous faisons pas un effort européen important de recherche et développement exploratoires, nous ne saurons pas apprécier l'offre américaine de protection, de sous-traitance.

RÉPONSE : Général Henri PARIS

Ma réponse sera très brève, puisque nous sommes d'accord.

Le missile balistique ou autre : tant qu'il n'y a pas de défense antimissile, est bien entendu l'arme absolue. Vous n'avez pas de bouclier, votre adversaire a un bouclier plus un glaive, et un glaive meilleur que le vôtre, il aura un avantage extraordinaire et vous feriez mieux de négocier, c'est évident. Nous sommes d'accord.

Maintenant, la contre-mesure aux missiles balistiques, elle arrive, on la recherche, elle viendra.

La nécessité d'une défense européenne, vous venez d'en parler, je n'ajouterai rien. Je suis entièrement d'accord avec vous.

Là où je veux attirer l'attention, c'est sur les transferts de technologies. Les transferts de technologies ne se font pas sans arrière-pensées et avec des élastiques. Alors, attention à un transfert de technologies, par exemple en antimissile, quel qu'il soit en NMD ou en TMD, mais surtout en TMD. Attention à un transfert de technologies qui nous rendrait complètement dépendants de celui qui opère le transfert, à savoir, les États-Unis d'Amérique. S'il faut téléphoner à Washington, chaque fois qu'un boulon d'un quelconque système est cassé et que nous sommes obligés de le remplacer, et bien, nous n'avons pas d'autonomie. Le boulon doit être européen.

QUESTION 2 :

D'après ce que je viens d'entendre, on ne parle plus de la France ! On parle d'Amérique et d'Europe et la France, elle n'existe plus?

RÉPONSE : Général Henri PARIS

Mais si elle existe la France. Seulement voilà, la France est en Europe et l'Europe est un continent. Alors, je ne vais pas trop m'étendre.

Le Président de la République vient de faire une allusion à un système de défense antimissiles de théâtre. Je retrouve beaucoup de visages amis que j'ai rencontrés le 8 juin dernier, à l'IHEDN. Tous, comme moi, ont entendu de touchantes banalités parlant de l'impératif d'une défense antimissile de théâtre. Le Président n'a pas précisé ce qu'elle devait être, européenne, française ou autre. Enfin il a précisé qu'on devait l'avoir, sans plus.

Et alors ? Est-ce à la mesure de la France seule ? Ou de tout autre Etat européen seul ? Alors, on fait un chiffrage rapide de ce que pourrait être une TMD pour 60.000 hommes, cela tourne autour de 81 milliards de francs, c'est-à-dire pratiquement tout le titre 5 du budget annuel des armées. Donc, la dépense est impensable. Cela veut dire tout simplement que les Français, pas plus que les autres européens, ne construiront une TMD à eux seuls. A vouloir éluder le problème, à ne pas le mentionner. Cela revient à de la figuration de style. Il va bien falloir s'y mettre à plusieurs.

Je prends un exemple historique. C'est bien parce que les féodaux n'arrivent plus à fondre des canons, que le pouvoir royal et national s'est établi et pas pour autre chose. Fondant des canons, le roi mettait à bas toutes les murailles de ses féodaux.

Nous ne pouvons pas faire autrement. C'est une question même de survie. Ne parlons à ce moment-là, ni de France ni d'Europe, si nous sommes incapables d'avoir un corps de projection.

PARTIE I

LES MISSILES

-a-

Les atouts du missile de croisière

par
Alain DENIS
Amiral
Ancien Conseiller Militaire Matra-Défense

L'apparition de nouveaux systèmes d'armes, leur utilisation dans les situations de crise ou dans les conflits limités conduit volontiers les commentateurs à les parer de toutes les vertus ou à les opposer, sur un mode critique, à d'autres moyens similaires, cherchant à mettre les uns en concurrence avec les autres ou à prôner l'extension des capacités de telle composante pour lui permettre d'accéder aux fonctionnalités de telle autre.

C'est à la fois divertissant et inutile. C'est aussi oublier que chacun de ces équipements procède d'une démarche de longue durée, initialisée par l'expression d'un besoin opérationnel issu des Etats-Majors, convertie en spécifications techniques par les services appropriés, portée à la connaissance des industriels sous forme d'appels d'offres pour se réaliser enfin, au terme d'un long processus d'études, de développements et d'essais, en systèmes d'armes performants, disponibles et déployés sur les unités de combat en attente d'utilisation.

C'est ainsi que dans le domaine des missiles de croisière on en est venu à considérer l'usage du Tomahawk américain, dans l'affaire irakienne en janvier 1991, comme une novation révolutionnaire alors que, si l'emploi en était effectivement nouveau, le concept de l'arme remonte à 1971, vingt années avant la première mise en œuvre et les gens bien informés en connaissaient l'existence, les caractéristiques et les capacités bien avant que les Irakiens et les commentateurs de l'image ou de l'écrit n'en découvrent l'étonnante efficacité.

L'autre raison de s'étonner provient de cette tendance très répandue à vouloir opposer un système à l'autre, l'avion au missile, le missile au drone, le drone à l'hélicoptère ou, pire encore et à l'inverse, à rechercher comment donner à l'un de ces moyens les caractéristiques spécifiques dont l'autre est doté. Mieux vaudrait partir d'une conviction simple selon laquelle les concepteurs des réalisations actuelles ne sont pas tous idiots et qu'ils ont surtout cherché, dans les temps antérieurs, à offrir au pouvoir politique et aux commandants de théâtres d'opérations un ensemble cohérent de moyens diversifiés, destinés à obtenir l'effet requis et non pas à alimenter des controverses de café-théâtre.

Pour ce qui concerne les types d'opérations militaires auxquelles nous avons actuellement affaire, il s'agit toujours d'un ensemble d'activités relevant du couple dissuasion-action. Mais il est clair que depuis 1989 – et le Livre Blanc sur la Défense de 1994 le confirme explicitement – la nature des priorités s'est inversée et, si les forces nucléaires stratégiques conservent une indéniable importance, une dotation financière appréciable et des moyens efficaces et modernes, c'est bien la capacité d'intervention à distance du territoire national, sous les formes les plus diverses allant de l'assistance et de l'interposition jusqu'à l'intervention directe, et parfois violente, qui retient aujourd'hui l'attention, suscite l'émotion ou la critique et requiert les moyens adaptés de déploiement, de soutien à distance, de renseignement, de communication et de frappe.

Pour cette frappe, élément terminal de la réflexion stratégique, de l'appréciation de situation et du choix politique, on dispose désormais, dans la phase antérieure au déploiement de troupes sur le terrain, de l'aviation pilotée, embarquée ou basée à terre, et des missiles de croisière. Certes, on peut s'interroger sur l'intérêt de doter les drones actuels de charges militaires ou d'ajouter aux performances offensives des missiles des capacités complémentaires de recueil et de transmission d'images. C'est le type de question auquel je ne tiens pas à apporter de réponse parce que ces deux familles, drones et missiles, bien qu'elles soient liées par un cousinage indéniable, diffèrent en fait dans leur objet, les drones contribuant essentiellement à l'acquisition du renseignement, les missiles de croisière à la destruction des objectifs. Ce sont là des actions complémentaires mais dissociées, imposant aux constructeurs des modes de réalisation très dissemblables en matière de propulsion, de navigation et de capacité d'emport.

Reste à savoir s'il y a concurrence ou complémentarité entre aviation pilotée et missiles de croisière dans les différents engagements qui se rapportent le plus généralement à quatre types distincts d'action militaire : l'inhibition, la rétorsion, la sanction et la phase initiale des conflits limités dans l'espace et dans le temps.

Rappelons que l'inhibition consiste à agir contre un adversaire éventuel avant même qu'il n'ait commencé à nuire, lorsqu'il faut s'opposer au développement ou à la mise en place sur son territoire de ce qui est considéré comme potentiellement insupportable pour nous. La rétorsion a pour but, lorsque nous avons subi des dommages, de causer à l'auteur de l'agression des dommages de même nature. La sanction s'apparente à la rétorsion, elle est déclenchée quand il est évident que l'adversaire déroge aux conventions admises ou aux restrictions imposées. Enfin, la phase initiale des conflits implique, à un niveau d'engagement militaire beaucoup plus élevé, la nécessité de réduire fortement les capacités de l'adversaire en matière de surveillance et d'interdiction de l'espace aérien, pour que nos propres forces puissent y pénétrer et y agir de façon constante et continue avec un taux minimal d'attrition.

Avions et missiles sont aptes, au même titre, à remplir l'une et l'autre de ces missions, l'avion ayant pour exigence principale de disposer d'une infrastructure à terre de proximité adaptée à sa mise en œuvre ou d'une plate-forme navale spécialisée, communément appelée porte-avions, dont la construction est toujours dans tous les pays – sauf aux Etats-Unis – l'objet de controverses de longue durée. Le missile peut-être mis en œuvre à partir de différents porteurs, dont l'avion, mais aussi le bâtiment de surface ou le sous-marin qui présentent l'inconvénient de limiter la portée d'intervention à la seule portée de l'arme mais qui offrent en contre-partie l'inestimable avantage de pouvoir durer indéfiniment sur zone et réagir sans délai à l'ordre de feu.

On notera à cet égard que dans le conflit contre l'Irak en janvier 1991 seuls les navires de surface et les sous-marins déployés en Méditerranée ou en Mer Rouge ont été utilisés pour tirer 292 de leurs missiles Tomahawk dans les deux premiers jours de l'action militaire ; les B52 de l'Air Force, pourtant dotés d'armes équivalentes, n'ayant pas été mis à contribution pour ce type d'emploi bien qu'ils aient été sollicités par la suite pour des bombardements avec des armements plus classiques.

En fait, il est indéniable que le missile de croisière, surtout dans ses évolutions les plus élaborées comme, par exemple, les versions *Bloc III* et *Bloc IV* du *BGM109* Tomahawk de l'US Navy, est apte à remplir une partie des missions jusqu'à présent confiées aux avions pilotés, et sans doute à meilleur compte car s'il est consommable, il est notablement moins cher, mais aussi parce qu'il présente l'énorme avantage de n'entraîner aucune perte humaine en cas d'atteinte ou de destruction, ce qui le rend particulièrement adapté aux opérations d'inhibition ou de rétorsion. En revanche, s'il a bien une forme élaborée d'intelligence pré-établie, et bientôt reconfigurable en vol, il n'a quand même pas la faculté d'observation du pilote de combat. Mais si l'on attache du prix à la réduction drastique des pertes en vies humaines, il est alors l'instrument idéal de la frappe initiale pour réduire les infrastructures de commandement, de télécommunications et de mise en œuvre des moyens de défense aérienne, ouvrant ainsi la voie aux vagues successives d'avions pilotés, plus adaptés à la destruction d'objectifs mobiles ou de circonstance et surtout au soutien rapproché des troupes engagées à terre dans un paysage tactique mouvant.

En conclusion, le missile de croisière ne doit pas être considéré comme un concurrent, encore moins comme un substitut à d'autres systèmes d'armes. Sa meilleure adaptation à des types d'action très spécifiques en fait un partenaire indispensable et non pas le terme plus économique d'une alternative de rivalité.

Seule la disponibilité simultanée de ces deux systèmes, avions et missiles, peut donner au pouvoir politique et aux commandants de théâtres la variété de moyens diversifiés nécessaires pour obtenir les résultats recherchés par les gouvernements.

-b-

L'apport doctrinal du missile de croisière dans la PESD

par
André DUMOULIN
Attaché de Recherches à l'Observatoire d'Identité Européenne de Sécurité et de Défense du Centre d'Analyse Politique des Relations Internationales (**CAPRI**)
Université de Liège (Belgique)

Le missile de croisière allie bon nombre d'atouts : de la mobilité à la précision, de la souplesse d'engagement à la carte au tir à distance de sécurité, de l'extension de la capacité de rétorsion à la mise à disposition d'une palette élargie de modes d'action non nucléaires[1], depuis les missions de guerre jusqu'à la gestion de crise dans le champ du Petersberg.

A sa capacité d'être un intégrateur pluridisciplinaire de nouvelles technologies[2] (guidage, contrôle[3], préparation informatique de la mission, furtivité, optronique, propulsion, charge, durcissement), le missile de croisière dispose d'une facilité de compatibilité avec d'autres plates-formes. Instantanéité, réversibilité, limitation des pertes, pouvoir de discrimination, flexibilité, concentration de la puissance de feux, telles sont aussi les qualités du lanceur piloté pouvant délivrer le missile de croisière, par une addition d'avantages spécifiques au système d'arme avion/missile.

Quant au domaine maritime, l'apport du missile de croisière navalisé permet, au-delà de l'absence de contrainte diplomatique, d'augmenter[4] tout à la fois et très largement les zones ciblées[5] et de permettre une très forte disponibilité, discrétion et cadence de tir, mais également une meilleure protection de la plate-forme.

---

[1] Yves Perros, Le missile de croisière : arme de dissuasion et d'intérêt stratégique général, *revue de Défense nationale*, Paris, juillet 1986.

[2] William H. Kincade, « Future cruise missiles : nature and impact », *The Uncertain course*, SIPRI, Stockholm, 1987, pp. 202-203.

[3] Re-planification ou annulation en vol de la mission.

[4] A savoir 1.000 km de déplacement par jour en moyenne.

[5] 80% de l'activité humaine dans le monde s'exerce à moins de 400 km des côtes.

Mais les atouts du missile de croisière sont principalement de deux ordres :

Premièrement, il offre cette capacité de préemption opérative, cette habileté relative, certes à pondérer,[6] de détruire les centres vitaux par des attaques de grande précision sur des objectifs de forte valeur. Par cette qualité, le missile de croisière est bien l'arme politique par excellence. Le ciblage de centres vitaux stratégiques, de centres déterminants opératifs, – bref, les centres de gravité[7] et, à haute valeur politique, économique, militaire ou technologique, pivot de la puissance adverse – peut être un élément déterminant, mais certainement pas le seul face aux conflits asymétriques – à la résolution des crises ou à la reprise des négociations.

Deuxièmement, il permet un maniement tout en nuance et en retenue de la force par une sélection politico-militaire, à la carte et unitaire, des objectifs et donc une gesticulation particulièrement dosée et pointilliste du message à délivrer.

De l'intérêt techno-militaire et stratégique

Dans ce contexte politico-stratégique, les enseignements de la guerre du Golfe, renforcés par la crise du Kosovo[8],

[6] Cf. le pourcentage de succès des frappes de *Tomahawk* et ALCM durant les dernières crises ; tenant compte également du fait qu'aujourd'hui, les missiles de croisière mono-tête ne peuvent traiter que des objectifs repérables, localisables et destructibles, mais non des objectifs mobiles et furtifs.

[7] Objectifs à frapper pour casser le point d'équilibre de l'adversaire : C-3, lignes de communication, bases, ressources énergétiques, économiques, politiques,...(Cf. pour les définitions conceptuelles, Colonel Desportes, « Centres de gravité », dans *Objectif doctrine*, Commandement de la doctrine et de l'enseignement militaire supérieur de l'armée de terre, Paris, décembre 2000, pp. 34 et sv.).

[8] Relevons que le programme SCALP français a été initié avant l'intervention aérienne de l'OTAN au Kosovo et en Serbie.

autant que la montée en puissance des objectifs qualitatifs et quantitatifs de l'« *headline goal* » de l'Union européenne[9] peuvent être associés au calendrier d'acquisition par plusieurs pays européens de missiles de croisière à charge unitaire.

Tableau 1

Etat et programmation des missiles de croisière mono-tête (portée supérieure à 100 km) contre des objectifs durcis

Etats membres	**Potentiel 2001**	**Programmes planifiés[10]**
France		Missile air-sol *SCALP EG* (commandé en décembre 1997, livraison dès 2003 pour l'Armée de l'Air[11] sur *Mirage 2000 D* puis, par la suite, sur le *Rafale F2*, et pour la version navalisée portée par les *Rafale M* mis au standard F2 d'attaque au sol[12] dès 2008). Etude sur un SCALP naval pour les frégates multimissions et les futurs sous-marins nucléaires d'attaque *Barracuda* à l'horizon 2011-2013.
Royaume-Uni	3 SNA dotés de missiles de croisière TLAM *Tomahawk*	Missile air-sol Storm *Shadow* (commandé en février 1997, livraison dès 2002 sur *Tornado GR4/IDS, Harrier GR7* puis par la suite sur l'*Eurofighter Typhoon*) Dotation de missiles de croisière *Tomahawk* à charge classique sur les 10 SNA restants (65 missiles commandés à Raytheon)

9 Pour une représentation chronologique du processus de décision relatif à la politique européenne de sécurité et de défense, lire Maartje Rutten (réunis par), De Saint-Malo à Nice : les textes fondateurs de la défense européenne, dans *Cahiers de Chaillot* n°47, Institut d'études de sécurité, UEO, Paris, mai 2001.

10 Précisons que le SCALP et le *Storm Shadow* disposent de la même cellule.

11 *Air et Cosmos* n°1782, Paris, 9 février 2001.

12 *Air Zone*, Paris, janvier-février 2001, pp. 41-43.

Italie		Décision prise en 1999 d'acquisition d'un missile air-sol *Storm Shadow* (livraison vers 2005 sur *Tornado IDS*, puis par la suite sur l'*Eurofighter Typhoon*)[13]
Allemagne		Missile air-sol *Taurus KPE 350* (en cas de lancement de la production, il devrait armer les *Tornado* dès la fin 2002 ou début 2003 puis, par la suite, les *Eurofighter Typhoon*)[14].
Grèce		Missile air-sol *Storm Shadow* (*Mirage 2000-5 Mk2*)
Suède		Missile air-sol *Taurus KPE 350* (*JA S 39 Gripen*)

Les différents programmes[15] et les projets d'acquisition – SCALP Emploi Général (EG) en France, *Storm Shadow* en Grande-Bretagne, Italie et Grèce, *Taurus* en Allemagne et en Suède, *Tomahawk* en Grande Bretagne[16] – apportent, par leurs caractéristiques, un « plus » européen en matière de guidage[17] et de ciblage à distance de cibles protégées :

* D'une part, la précision avec l'intégration[18] du GPS permettant de réduire le temps de planification de la mission par rapport au seul système de navigation par reconnaissance du terrain (Tercom) imposant par exemple, autour de 80 heures de planification avant lancement, selon l'expérience

[13] Idem.

[14] *Jane's Defence Weekly*, 2 mai 2001. Notons que l'Espagne serait intéressée par le *Taurus*.

[15] *Jane's International Defense Review*, février 2000 ; *Armada international*, juin/juillet 2001.

[16] Le HMS « *Splendid* » a tiré 20 missiles de croisière sur 17 cibles durant la crise du Kosovo.

[17] Le *Storm Shadow* combine, dans le domaine du guidage autonome, un système de navigation inertiel, un GPS, un radar de suivi automatique de terrain, une imagerie infra-rouge pour la phase terminale.

[18] Le GPS est introduit sur le SCALP et le *Storm Shadow*, mais aussi sur les *Tomahawk* block IIIC en cours d'installation sur les sous-marins nucléaires d'attaque de la Royal Navy (classes *Swiftsure* et *Trafalgar*).

vécue durant la guerre du Golfe (1991) avec les *TLAM-C block II* ; nonobstant les recherches en cours aux Etats-Unis sur un TERCOM amélioré[19]. L'hybridation (GPS, inertiel, cartographie embarquée, optronique de reconnaissance de ciblage) reste la solution la plus adéquate à propos de la navigation afin de tenir compte d'une dégradation du signal GPS.

* D'autre part, la capacité anti-infrastructure tactique et stratégique par l'intégration d'une tête BROACH (pour le SCALP/*Storm Shadow*) ou d'une tête MEPHISTO (pour le *Taurus*) permettant, avec une charge en tandem[20], un séquençage de détonation, et ainsi répondre adéquatement, par le biais de pénétrateurs, à la multiplication des objectifs blindés, durcis, bétonnés ou souterrains.

* Enfin, un panel de choix de portées avec le *Taurus* autour de 150 km, le *Storm Shadow* et le SCALP dans la tranche des 140-400 km, l'éventuel ASMP-C[21] conventionnel au-delà des 400 km jusqu'au TLAM-C britannique tournant autour des 1.000 km ; sans parler de la version tactique[22] multi-missions du *Tomahawk* envisagée au sein de la Marine de sa Majesté, ou des études en cours sur une version navalisée du SCALP pour la Marine nationale[23].

---

[19] Le *Precision Terrain-Aided navigator* (PTAN) sera disponible en 2005. Il utilise l'imagerie radar en 3 dimensions collectée par les navettes spatiales américaines autour de la Terre.

[20] Nick Cook, « Briefing. Hard and Deeply buried targets », *Jane's Defence Weekly*, Londres, 2 mai 2001, pp.24 et sv; *Air et Cosmos* n°1714, Paris, 3 septembre 1999.

[21] Un premier test de tir est prévu pour 2004.

[22] *Jane's Defence Weekly*, Londres, 18 avril 2001; *Armada international*, 3/2001; www.fas.org.

[23] Etude en cours de la Marine nationale et de la DGA à propos d'une nouvelle génération de frégates capables de lancer des missiles de croisière mer-terre (version dérivée du SCALP) au moyen d'un système de lancement vertical SYLVER. Le SCALP navalisé pourrait armer pour le tir vertical les frégates multimissions dès 2011 et pour les tirs en tubes lance-torpilles les futurs sous-marins nucléaires d'attaque *Barracuda* dès

En d'autres mots, l'introduction de ces différents programmes va permettre d'améliorer grandement certains objectifs spécifiques du *headline goal* et au-delà, d'assurer une crédibilité des outils militaires associés aux missions de guerre, mais aussi à la gestion des crises, contre-prolifération et opérations dans le champ des missions dites de Petersberg.

Certains Etats membres de l'Union européenne vont ainsi apporter les moyens de répondre à ce nouvel axiome post-guerre froide imposant que la violence armée organisée s'exerce dorénavant par paliers, sous contrôle, opère de manière nuancée, en ciblages signifiants, réduisant une collatéralité contre-productive. Les missiles de croisière classiques deviennent les outils d'influence et de persuasion, permettant par leurs caractéristiques d'assurer la sélectivité politique des cibles, de garantir le dosage et les feux séquentiels et thématiques, assurant par ailleurs la visibilité dissuasive, délivrant le message par la gesticulation intimidante propre à la diplomatie aérienne et navale ou par le réel de la violence des frappes de coercition ou de rétorsion. Ces armes peuvent ainsi peser sur certaines opérations de rétablissement de la paix.

Le coup de semonce classique inhibiteur[24] peut être aussi un cas de figure tout comme les stratégies d'attrition par paliers nécessaires dans le cadre du fort au faible *« lorsque des obstacles moraux, juridiques ou politiques empêchent de*

2013 (*Jane's Defence Weekly*, 13 juin 2001 ; *Revue de Défense nationale*, Paris, avril 2001).

[24] Cf. André Dumoulin, « Perception extra-hexagonale. L'avenir du concept préstratégique français : essai de propositions pour une « conventionnalisation » de la frappe de semonce », dans Pierre Pascallon (dir.), *Quel avenir pour la dissuasion nucléaire française ?*, Bruylant, Bruxelles, 1996, p. 190 ; Seth Cropsey, « The Only Credible Proliferation », *Foreign Affairs*, Washington, mars-avril 1994, pp. 14 et sv.

recourir à une stratégie d'anéantissement »[25] qui ne fait d'ailleurs pas partie de la culture stratégique post-guerre froide sur le Vieux Continent.

La question doctrinale

Devant le caractère hautement signifiant et politique de ce type de système d'arme se pose la question de la doctrine, à l'image du concept national des opérations amphibies, relevant[26] en vérité de la doctrine. Ne faut-il pas que cet exercice permettant de définir un ensemble de principes fondamentaux de recours à la force et de conduite des opérations militaires à propos des missiles de croisière anti-infrastructure, validé par l'autorité politique, soit, finalement réalisé dans un cadre plus collégial, intra-européen, et préalablement entre Etats disposant de ce type d'arme ?

Malgré les difficultés inhérentes aux spécificités nationales, aux cultures propres en matière de doctrine d'emploi, aux niveaux intégrateurs différents dans les organes de l'OTAN ou à l'absence même de doctrine spécifique dans certains Etats européens, une réflexion commune sur une doctrine d'emploi des missiles de croisière aurait certains avantages stratégiques ; d'autant plus que l'essentiel de l'action dans un avenir prévisible se concentrera sur la multinationalité du cadre opérationnel et interarmées :

Primo, globalement, parce que cette démarche aidera à l'intégration de la nouvelle diversification des modes opératoires, par assimilation des nouvelles technologies ;

---

[25] François Géré, *Dictionnaire de la pensée stratégique*, Larousse, Paris, 2000, p.15.

[26] Thierry de Montbrial et Jean Klein, *Dictionnaire de stratégie*, PUF, Paris, 2000, p.193.

Secundo, cela réduirait les risques d'incohérence politique au sein de coalitions, comme nous avons pu le constater dans la définition du ciblage au sein du Groupe de contact lors de la crise du Kosovo ; d'autant que, plus qu'ailleurs, la politique sera davantage partie prenante aux procédures de désignation des cibles stratégiques et dans la profondeur.

Tertio, la réflexion doctrinale commune serait un facilitateur dans l'emploi éventuel de ces armes, en codifiant, en améliorant et en huilant les procédures afin de tenir compte des exigences et des freins temporels propres aux concertations politiques préalables aux décisions collectives, afin de tendre à un compromis entre la temporalité militaire et le gradualisme politique ;

Quarto, cela aiderait à la pondération d'une lecture par trop technologique dans l'emploi des armes de précision face à la complexité extrême des violences intra-nationales et inter-communautaires. En d'autres mots, tendre à résister à l'assimilation d'une culture américaine qui introduit la concentration submergeante des moyens, la violence brutale, massive et initiale des frappes de missiles et de bombardement, dont la rigidité doctrinale et l'entreprise de démolition massive ne peuvent nous aider à résoudre la réalité vulgaire des conflits asymétriques, des conflits identitaires post-crise et les nuances à y apporter en termes militaires. Organiser la doctrine opératoire commune des missiles de croisière entre Européens est un moyen d'assurer le retour aux réalités géopolitiques du vieux continent et de tenir compte d'une réalité concrète, celle de ne pas pouvoir disposer de capacités de frappes sans limite sur le mode américain. La notion de réduction de la prise de risque avec le débat sur le concept de « zéro mort » ou de « moindre mort » et celle qui s'attache à l'adoption dans le moyen terme, en complément, de drones armés (UCAV) de missiles de croisière participent également de cette pondération technico-doctrinale.

La prise en compte des réductions nationales des flottes aériennes et navales parallèlement à la multinationalisation des forces européennes imposent aussi bel et bien une plus grande synergie entre alliés dans le champ mutualiste, technologique, mais aussi doctrinal.

Quinto, cela permettrait de guider l'action puisqu'il pourrait s'agir de définir le contexte géostratégique d'emploi, les variables d'usage de la force des missiles, les procédures politico-militaires, le calendrier d'engagement des plates-formes, les bases de données des cibles virtuelles, l'interopérabilité des systèmes de communication, l'entraînement à la planification opérative d'emploi, les techniques nouvelles en matière d'évaluation des dommages, etc.

Sexto, cela favoriserait l'ouverture du Centre National de Ciblage (CNC) de Creil[27] et des autres centres de planification des cibles à des synergies multinationales dans la détermination collective d'une gradation dans l'action et du targeting, dans la définition de cibles prioritaires, interdites ou restreintes[28], dans l'intégration des dommages collatéraux prévisibles ou possibles pour chaque cible ;

Enfin, les réflexions sur une doctrine d'emploi commune du missile de croisière mono-tête pourrait aussi renforcer les tentatives de mutualisation et de coopération en matière de renseignement satellitaire[29], drones de théâtre et des

[27] L'EMA a créé un centre national de ciblage (CNC) en été 2000 à Creil, dans l'Oise.

[28] A savoir soumises à la levée d'une restriction.

[29] Echange franco-italien de droits d'accès aux informations des satellites de reconnaissance *Cosmos-Skymed*, *Pléiades* et *Hélios II* ; entretiens pour un échange franco-allemand de droits d'accès aux renseignements des satellites de reconnaissance *Hélios II* et *SAR-Lupe* allemands. La Belgique et l'Espagne ont l'intention de participer au programme *Hélios II* (orbite en 2004). Les satellites radars allemands seront opérationnels à

systèmes de reconnaissance comme le pod LOROP de la Royal Air Force ou le système PRESTO du *Mirage F-1 CR*.

Les préalables

En conclusion, si aujourd'hui certains Etats européens veulent donner un nouveau souffle à la coopération technologique pour la préparation des futurs systèmes d'armes aériens, peut-on l'imaginer totalement détachée d'un doctrinal commun, d'une réflexion commune sur une doctrine opératoire partagée ? Peut-on envisager un Comité de sécurité multinational stratégique européen intégrant une doctrine stratégique non nucléaire ? Comment aboutir à un commandement multinational européen de ciblage majeur ? Peut-on ouvrir des pistes à ce sujet ou nous faut-il attendre que l'exercice doctrinal se concrétise au sein même de chaque nation disposant de ce type d'arme hautement stratégique ?

Devons-nous préalablement concevoir un nouveau Concept stratégique intra-européen, impliquant probablement un exercice plus spécifique sur une vision commune des risques et menaces ou pouvons-nous travailler dans le champ étroit mais ô combien capital d'édification d'une doctrine européenne opératoire des missiles de croisière du théâtre, en partant d'abord des quelques pays qui les mettront en oeuvre ?

Assurément, cette thématique, encore à défricher, est hautement délicate et périlleuse mais reconnaissons-le, à une échelle bien moindre que les questions tournant autour des concepts de dissuasion concertée dans le champ du nucléaire.

---

partir de 2005 tandis que les quatre petits satellites radars italiens seront lancés entre 2003 et 2006.

Une véritable politique européenne de sécurité et de défense ne pourra longtemps se passer d'un substrat conceptuel[30], doctrinal et opératoire davantage harmonisé. Plus globalement, le temps n'est-il pas venu de travailler en coopérations renforcées sur les doctrines opératoires comme nous travaillons déjà sur les objectifs de forces et de capacités, dans les limites bien comprises des souverainetés et du champ intergouvernemental ?

---

[30] André Dumoulin, « L'environnement stratégique », *Le Soir*, 28 mai 2001 ; André Dumoulin, « Les socles d'un concept stratégique européen », *Revue de Défense nationale*, Paris, juin 2001.

-c-

Le Missile de croisière dans le système de forces
« frappe dans la profondeur »

par
Jacques LEVET
Ingénieur en Chef de l'armement,
Direction des Systèmes de Forces et de la Prospective
DGA

La frappe dans la profondeur

La frappe dans la profondeur regroupe les capacités qui visent à atteindre, de façon sélective, le dispositif au sol d'un adversaire, en tout lieu pertinent de son territoire ou du théâtre d'opérations. La frappe dans la profondeur peut s'inscrire dans différentes formes de combat, que ce soit la gestion de crise ou un engagement de haute intensité.

Face à une situation de crise, elle permet de donner à un perturbateur un signal politique fort. Les frappes sont, en général, ponctuelles et limitées.

En situation d'engagement de haute intensité, la frappe dans la profondeur vise à désorganiser, neutraliser ou détruire des éléments essentiels du dispositif de défense de l'adversaire. Ces frappes s'inscrivent dans la durée.

La frappe dans la profondeur se caractérise par la valeur des cibles visées plus que leur nature ou leur éloignement géographique.

La frappe dans la profondeur est un système de forces. Elle fait appel à des moyens qui peuvent aussi bien relever d'unités aériennes ou navales, voire terrestres. Elle a un caractère interarmées. Elle s'appuie sur des fonctions transversales, notamment pour la planification des objectifs ou la préparation de missions.

Le missile de croisière

Le missile de croisière permet de tirer à distance de sécurité avec une très grande précision. Il est utilisable, de jour comme de nuit, contre des objectifs situés dans la profondeur. Les armements qui équiperont nos forces à court terme sont les missiles *Apache* et *SCALP-EG*. Les plates-formes de tir seront les avions de combat *Mirage 2000D* et *Rafale* air et marine.

*

Quelles sont les principales orientations pour les futurs missiles de croisière et comment ont-elles été déterminées ? De nombreuses études ont été réalisées notamment dans les dix dernières années. Je m'attacherai plus particulièrement à celles qui ont été récemment menées dans le cadre d'une démarche prospective, associant analyse du combat futur et analyse des technologies.

Le combat futur

La réflexion sur le combat futur a fait apparaître quelques évolutions majeures qui caractériseront le contexte opérationnel dans lequel nos forces seront engagées.

Le **cadre juridique** va certainement prendre une place grandissante. Cette évolution est le reflet d'une autre, qui est celle des mentalités et des cultures. Elle impliquera des précautions particulières, dont certaines sont déjà bien ancrées dans nos sensibilités : respect du droit international, protection des populations civiles, volonté d'exposer au minimum nos propres forces, emploi mesuré de la force. De plus en plus aussi, la transparence dans l'action sera exigée. Cela se traduira par la nécessité d'assurer la traçabilité des processus.

Le combat futur pourra se dérouler dans un **environnement complexe**. Ce sera le cas notamment lorsque l'adversaire comportera des éléments disséminés ou camouflés ou encore lorsque le combat se situera en zone urbaine ou, comme il en existera de plus en plus, en zone « semi-urbaine ». Dans un tel contexte, la reconnaissance et l'identification des objectifs seront tout particulièrement difficiles.

Une caractéristique des systèmes militaires futurs sera le **fonctionnement en réseau.** Cela nécessitera d'analyser le fonctionnement de ces réseaux, pour en déterminer les vulnérabilités. Ainsi l'analyse, dite « systémique », des objectifs devra être généralisée.

Le **brouillage** et le **leurrage**, sous différentes formes et avec différents niveaux de performance, représenteront des modes d'action qui se généraliseront. Ils pourront affecter les moyens de communication, les systèmes de navigation ou les plates-formes et leurs équipements électroniques. L'ensemble de nos moyens devra présenter une meilleure capacité de résistance face à ces menaces.

Enfin, la **maîtrise du « tempo »** de la manœuvre, la faculté d'imprimer un rythme élevé, de s'adapter très rapidement à toute action de l'adversaire ou de lui imposer un rythme insoutenable, constitueront certainement un facteur de supériorité déterminant.

Les technologies émergentes

Dans différents domaines, il est possible d'envisager des évolutions technologiques majeures, susceptibles de modifier de manière significative les performances et les concepts.

C'est le cas des technologies de **miniaturisation**, qui s'appliqueront notamment aux capteurs embarqués, aux systèmes de drones et de mini drones, et aux missiles.

La capacité de **transmission** à haut débit, la sécurisation des liaisons de données, et leur protection contre le brouillage et l'intrusion, permettront la transmission en « temps réel » d'informations entre plates-formes et missiles : situation tactique, images, modèles ou signatures de cible.

L'évolution des technologies de **guidage**, par corrélation d'image ou autoguidage, et les processus de **reconnaissance automatique** de cible doivent permettre de garantir la précision d'impact des missiles et donc une efficacité maximale de la frappe, en toute circonstance.

N'oublions pas, également, les progrès dans les domaines de la motorisation et de la propulsion, et, bien sûr, des systèmes informatisés ou automatisés.

*

La démarche prospective

En confrontant, d'une part, les caractéristiques du combat futur et, d'autre part, les évolutions technologiques, il est possible de dégager des idées de systèmes futurs, aptes à remplir au mieux les besoins militaires prévisibles. Ces idées de systèmes concourent ensuite à l'orientation des études amont.

C'est la démarche prospective, qui est mise en œuvre par l'Etat-Major des Armées et la Délégation Générale pour l'Armement, avec tous leurs partenaires, dans le cadre du plan prospectif à trente ans (PP30).

Appliquée au tir à distance, elle conforte et complète nos orientations sur les futurs systèmes de missile de croisière.

Système futur de missile de croisière

Le missile de croisière demeurera ainsi caractérisé par sa portée, qui permettra de frapper l'adversaire au cœur de son dispositif, en toute sécurité et sans nécessiter le recours à des déploiements de grande envergure.

Les futurs missiles devraient pouvoir disposer d'une liaison de données, dont les applications sont multiples. Cela pourra aller de la simple indication de la position du missile à la transmission d'images. Cette capacité autorisera de nouvelles fonctions, comme la transmission d'images avant l'impact.

Les études sur les charges s'appliqueront à différents niveaux de destruction, de neutralisation ou de désorganisation du système visé.

La diversification des plates-formes de tir permettra d'apporter une complémentarité par rapport à la frappe aérienne et d'améliorer la disponibilité et la souplesse d'emploi. Il est prévu d'assurer cette diversification, d'abord, par un missile tiré à partir de plate-forme navale.

Enfin, des fonctions transversales seront déterminantes pour la réussite des missions de frappe dans la profondeur. Elles concernent notamment le « ciblage », la chaîne de préparation de mission ou la constitution de modèles de cible pour le guidage terminal.

Les actions en cours

Cette démarche de préparation du futur se traduit par des études amont, conduites par la délégation générale pour l'armement dans les différents domaines techniques évoqués ci avant.

Par ailleurs, la capacité de frappe par missile de croisière tiré à partir d'une plate-forme navale fait l'objet d'un stade de préparation de programme.

Pour toutes ces actions, enfin, une coopération européenne est recherchée.

La frappe dans la profondeur

- Atteindre, de façon sélective, le dispositif au sol d'un adversaire, en tout lieu pertinent de son territoire ou du théâtre d'opération
- Gestion des crises
  - ⇨ Frappes ponctuelles
- Engagement de haute intensité
  - ⇨ Désorganiser, neutraliser, détruire
- Cibles
  - ⇨ Valeur, plutôt que nature ou éloignement

Système de forces

Le missile de croisière dans le système de forces « frappe dans la profondeur » | Juin 2001

DGA

Le missile de croisière

- Tir à distance de sécurité
- Précision
- Efficacité

Le missile de croisière dans le système de forces « frappe dans la profondeur » | Juin 2001

DGA

Frappe dans la profondeur : combat futur

- Cadre juridique
- Cible en environnement complexe
- Multiplication des réseaux
- Brouillage et leurrage
- « Tempo » des opérations

Le missile de croisière dans le système de forces « frappe dans la profondeur » | Juin 2001

DGA

Frappe dans la profondeur : technologies émergentes

- Miniaturisation
- Transmission de données à haut débit sécurisée
- Guidage
- Reconnaissance automatique de cible

Le missile de croisière dans le système de forces « frappe dans la profondeur » | Juin 2001

DGA

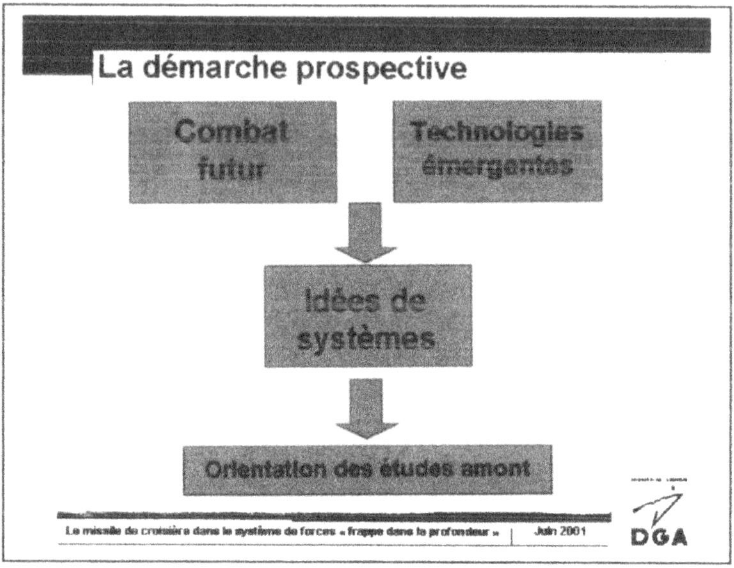

Système futur de missile de croisière

- Portée
- Liaison de données
- Diversification des charges
- Diversification des plates-formes de tir
- Fonctions transversales

Le missile de croisière dans le système de forces « frappe dans la profondeur » | Juin 2001

DGA

Actions

- Etudes amont

- Stade de préparation du missile de croisière tiré de plate-forme navale

  - Recherche de coopération

Le missile de croisière dans le système de forces « frappe dans la profondeur » | Juin 2001

DGA

-d-

Missiles de croisière : le développement d'une nouvelle capacité technologique européenne

par

Olivier LESBRE
Ingénieur en Chef de l'armement, ancien Directeur des programmes APACHE et SCALP/EG
DGA

Après les exposés de ce début de matinée, il n'est plus besoin de vous dire quels sont les avantages des missiles de croisière dans les opérations militaires modernes. Je vais vous proposer, pour ma part, un rapide survol du travail effectué au cours des 15 dernières années pour doter l'Europe de la capacité à produire et à mettre en oeuvre, de façon autonome, des missiles de croisière – et du rôle central que la France y a joué. Je crois que nous pouvons être fiers de résultats obtenus, et je vais tenter de vous faire partager ce sentiment.

Pour cela, je suivrai le plan suivant :

- je vous présenterai d'abord les défis qu'il fallait relever ;
- ensuite, je vous exposerai la démarche suivie depuis le milieu des années 80 ;
- enfin, je mettrai en évidence certains des résultats obtenus.

Les défis

Commençons par les défis à relever.

Rappelons que, après les V1 allemands de la seconde guerre mondiale, aucun missile de croisière subsonique n'a été développé en Europe jusqu'à la dernière décennie : il n'y avait donc, au milieu des années 80, pas d'expérience propre à ce domaine.

Certains peuvent considérer qu'un missile de croisière n'est qu'un petit avion sans pilote, et qu'il suffit donc de savoir faire des avions pour savoir faire un missile de croisière. C'est en grande partie vrai, à deux points près : le premier point, c'est qu'il faut savoir se passer du pilote ; le second, c'est qu'un missile ne peut pas coûter aussi cher qu'un avion. Ces deux points sont lourds de conséquences, et conduisent à relever un certain nombre de défis techniques.

Les plus évidents concernent le missile lui-même :

- Pour réduire les coûts de production, il faut concevoir des équipements consommables – assez résistants pour tenir quelques dizaines de minutes dans des conditions difficiles, assez simplifiés pour ne pas coûter trop cher. C'est sans doute sur le turboréacteur que cette démarche est la plus spectaculaire – elle conduit par exemple à utiliser le kérosène pour lubrifier ses paliers. A ce jour, les sociétés capables de produire un turboréacteur adapté aux exigences d'un missile de croisière se comptent sur les doigts d'une main dans le monde, et l'une d'elle est française.
- Pour se passer du pilote, il faut être capable de naviguer de façon autonome – et le GPS n'offre pas une fiabilité suffisante pour remplir cette fonction en cas de guerre.

D'autres difficultés concernent l'intégration d'un tel missile à un avion d'arme. La masse et la taille d'un missile de croisière sont en effet nettement supérieures à celles des autres missiles, il faut donc utiliser d'autres outils pour traiter la question.

Mais le défi majeur, c'est la constitution d'un système complet de recueil de données et de préparation de mission. C'est ce point qui a été le plus critique pour les Américains lors de la mise en service des *Tomahawk* il y a une vingtaine d'années. Si les technologies de l'information ont énormément progressé depuis, le problème reste très complexe, et n'est pas uniquement technique : il a des conséquences importantes sur l'organisation des forces (création du Centre national de ciblage, …).

La démarche

C'est donc l'ensemble de ces défis que la France s'est décidée à relever à la fin des années 80, lorsqu'elle a lancé le programme *Apache*. Elle ne l'a pas fait à l'aveuglette : depuis plus de 10 ans, des études amont avaient été menées pour dégrossir les principaux points durs techniques. Mais il ne faut pas se faire d'illusions, quand il s'agit d'un nouveau domaine technologique, certains points durs ne se révèlent que lors du premier développement. Cette politique d'études amont est actuellement poursuivie, en parallèle avec le développement et la production des premiers produits, de manière à être capable de lancer de nouvelles versions avec un niveau de risque maîtrisé : il faut environ 5 ans d'anticipation dans ce domaine pour être prêt à répondre à la demande quand elle se manifeste.

En 1989, le programme *Apache* était lancé avec un double objectif :

- doter l'Armée de l'Air d'une capacité de neutralisation des aérodromes ennemis, avec un missile dédié à cette mission, qui est particulièrement efficace pour acquérir ou maintenir la supériorité aérienne ;
- développer le premier élément d'une future famille de missiles de croisière aéroportés et, plus généralement, acquérir à cette occasion le savoir-faire technique et opérationnel nécessaire à la conception de ce type d'arme et à son insertion dans un système de forces.

Le missile *Apache* est donc le premier d'une famille de missiles qui comporte aujourd'hui son frère *Scalp/EG*, lancé en 1997 pour l'Armée de l'Air et la Marine. Cette notion de famille permet de capitaliser efficacement le savoir-faire acquis avec les premiers développements, aussi bien pour ce qui concerne les missiles que pour leur intégration aux systèmes que j'ai évoqués précédemment. Le premier développement est naturellement plus laborieux ; c'est l'expérience acquise à cette occasion qui permet d'aller beaucoup plus vite sur les développements suivants, et de définir « du premier coup » des matériels optimisés. Ainsi, alors que le développement de l'*Apache* aura duré une dizaine d'années, celui du *Scalp* sera deux fois moins long ; de même, le prix de série du *Scalp* sera de moitié inférieur. Nous espérons bien progresser encore avec les versions suivantes !

C'est aussi grâce à la coopération européenne que nous sommes parvenus à réduire autant les coûts de l'*Apache* au *Scalp*. Elle seule a permis d'atteindre le volume critique de commandes qui justifiait une optimisation draconienne des coûts de production. Il a fallu s'y reprendre à deux fois avant de lancer une coopération fructueuse : la première tentative, avec l'Allemagne, menée de 1992 à 1996, a avorté ; la seconde, avec la Grande-Bretagne à partir de 1996, a été la bonne. Elle s'est élargie depuis à l'Italie. Les péripéties connues avec l'Allemagne montrent que ces coopérations sont loin d'être des phénomènes spontanés. Il faut travailler en permanence à créer les conditions qui leur permettent d'éclore, et il faut savoir saisir les opportunités quand elles se présentent.

Enfin, ces programmes ont été parmi les premiers à mettre en œuvre des contrats globaux. Celui du *Scalp*, notifié en 1997, couvre à la fois développement, industrialisation et production de plusieurs centaines de missiles. Ces contrats laissent à l'industriel la liberté de faire les meilleurs choix pour réduire les coûts de production. Ils ne sont cependant avantageux que si le niveau de risque technique est suffisamment réduit pour que l'industriel puisse en assumer l'essentiel sans exiger de « prime de risque » exorbitante.

Les résultats

J'ai cité certaines de caractéristiques de la démarche suivie ; je pourrais en donner bien d'autres, mais il est temps de vous proposer une première évaluation des résultats obtenus.

En préliminaire, je crois important de souligner que ces programmes ont bénéficié d'une chance rare au cours de la décennie passée : ils ont, pour l'essentiel, échappé aux coupes budgétaires et ont bénéficié du financement prévu. Dans ces conditions, vous ne serez pas surpris que la DGA soit parvenue à les conduire dans l'enveloppe des devis initiaux. A vrai dire, elle a fait mieux, puisque les devis ont été significativement réduits depuis 1996.

Mais les coûts ne sont qu'un des paramètres à considérer : la performance, ou plus exactement l'adéquation du produit aux besoins des clients militaires, doit rester le principal critère. De ce point de vue, le succès international rencontré par le *Scalp*, retenu aujourd'hui par 5 pays alors qu'il est encore à 2 ans de ses premières livraisons, me paraît un excellent indicateur de compétitivité. Avec l'expérience de l'*Apache*, nous avons su définir un missile *Scalp* qui constitue un très bon compromis entre coût et performance, et qui présente un niveau de risque réduit.

Pour revenir aux coûts, il est également éclairant de comparer les dépenses françaises aux dépenses américaines. En effet, sur le créneau des missiles de croisière emportés par avions d'armes *(Mirage, Rafale, F-15, F-16),* Européens et Américains conduisent des efforts assez parallèles. Les Américains n'ont pas ce type de missiles dans leur inventaire

(*Tomahawk* est tiré de bateau, *CALCM* de *B-52*). Pendant la décennie 90, alors que la France lançait l'*Apache* et le *Scalp*, les Etats-Unis lançaient successivement deux programmes pour combler ce vide : d'abord le *TSSAM*, abandonné pour cause de dérapage des coûts vers 1995 ; puis le *JASSM*, aux ambitions plus modestes, qui devrait entrer en service à peu près en même temps que le *Scalp/EG*. Les résultats des efforts français et américains devraient donc être très similaires : mise en service d'un missile de croisière à charge unique sous avion d'arme en 2003/2004, avec des performances a priori voisines. Sur ce créneau, l'Europe rivalise donc avec les Etats-Unis, et la France sera même la première, avec l'*Apache*, à mettre en service un missile de croisière sous avion d'armes. Mais les dépenses de développement varient dans un rapport 1 à 3 entre les deux pays, les Américains ayant dépensé plus de 2 milliards de dollars de développement sur *TSSAM* et *JASSM* !

Enfin, il est important de noter que le programme *Scalp/EG* a été le catalyseur indispensable à la réalisation du mariage, en 1996, de Matra et Baé Dynamics, devenu depuis le creuset de la consolidation européenne dans le domaine des missiles et, bientôt, MBDA.

Conclusion

Je vous ai donc rappelé un certain nombre des défis techniques relevés en 1989 ; indiqué quelques-uns des principes appliqués par la France pour constituer cette nouvelle capacité technologique et donné des éléments d'évaluation des résultats obtenus.

En conclusion, je voudrais seulement souligner deux points :

1. le développement de ce nouveau domaine illustre à nouveau, s'il en était encore besoin, la capacité européenne à rivaliser avec les Etats-Unis dans le secteur aéronautique, pour peu que les projets soient menés avec persévérance et sans défaillance budgétaire ;

2. il me paraît intéressant de noter que nombre des évolutions promues par la DGA et le Ministère de la Défense ces dernières années ont été appliquées aux programmes de missiles de croisière : anticipation des besoins futurs, caractère interarmes et modulaire des programmes, coopération européenne, contrats globaux ; et je crois que l'application de ces méthodes est une des causes principales de la qualité des résultats obtenus.

-e-

Le SCALP naval :
missile de croisière tiré par les frégates et les sous-marins

par
Thibaut DELORT LAVAL
Capitaine de frégate,
Officier d'Etat-Major chargé du Programme SCALP
Bureau Etudes et Plans Généraux
Etat-**M**ajor de la **M**arine
EMM

La marine nationale vise le développement et la production, avant la fin de la décennie, du missile de croisière *Scalp* Naval, et sa mise en œuvre opérationnelle dès 2011 à partir des frégates multimissions, et dès 2013 à partir des sous-marins nucléaires d'attaque Barracuda.

L'emploi depuis la mer

Le missile de croisière, matérialisation du concept « d'arme de précision tirée à grande distance » qui a pris corps au début des années 90, s'est imposé à nos forces comme une capacité indispensable.

Pouvant contourner ou franchir les rideaux défensifs, il permet de frapper dans la profondeur du territoire adverse à plusieurs centaines de kilomètres de son point de lancement. Capable de détruire avec précision une grande variété d'objectifs, c'est un outil supplémentaire à la disposition des autorités gouvernementales, pour atteindre des buts politiques spécifiques en minimisant les prises de risques. Mais c'est dans un emploi depuis la mer que cette arme donne à nos forces le plein bénéfice de son acquisition.

La plate-forme navale porteuse de missiles de croisière se déploie loin du territoire métropolitain, préventivement ou dès les prémices d'une crise, à la vitesse de 1.000 km par jour. Aucune contrainte réglementaire, aucune nécessité de préalable diplomatique ne peut entraver son déplacement sur les espaces maritimes internationaux, ni son positionnement au large d'eaux territoriales de quelque pays que ce soit. Endurante, ravitaillable, relevable sur place, elle croise sans réelle limitation de durée à proximité des côtes désignées par la nécessité politique du moment.

Mobile, donc faiblement exposée aux coups de l'adversaire, la plate-forme navale est en outre invulnérable aux armes de destruction massive, leurs porteurs, balistiques ou de croisière, ne pouvant atteindre que des objectifs fixes.

La liberté donnée au pouvoir politique national de décider unilatéralement le déploiement d'unités navales, la capacité du navire de se maintenir pour de longues périodes en portée de tir d'un rivage très éloigné de la France métropolitaine, la protection donnée par l'étendue du milieu marin lui-même et la mobilité de la plate-forme navale : ces trois éléments multiplient le bénéfice propre du missile de croisière s'il est employé depuis la mer.

L'acquisition par la marine du missile de croisière *Scalp* EG (Emploi Général) apportera ainsi un début de réponse au besoin de tirer parti des effets multiplicateurs de la plate-forme navale. Lancé par les avions *Rafale* du porte-avions *Charles de Gaulle*, ce missile donnera aux forces françaises dès 2008, et pour la première fois, la capacité de frapper à partir de la mer dans la profondeur d'un territoire adverse.

Mais si cette arme, acquise également par l'Armée de l'Air pour ses *Rafale*, et par la Royal Air Force et l'aviation italienne sous le nom de « *Storm Shadow* », couvre une partie du besoin de missiles de croisière de nos armées, elle reste portée par le seul aéronef et demeure par là soumise aux contraintes d'emploi de ce vecteur.

Nécessité de diversifier les porteurs

Le conflit du Kosovo a souligné une fois de plus cette nécessité que les forces américaines ont identifiée depuis plusieurs années, et à laquelle elles ont rapidement donné une réponse matérielle concrète : les plates-formes de tir des missiles de croisière doivent être diversifiées.

Le porteur aérien ne peut rester l'unique vecteur de missiles et, partant, l'unique acteur de la frappe dans la profondeur : à l'instar de ce qui s'est fait outre-Atlantique, mais également outre-Manche où la Royal Navy étendra bientôt à ses frégates anti-aériennes la capacité de lancement qu'ont déjà ses sous-marins d'attaque, il nous faut également équiper nos plates-formes navales d'un missile de croisière : ce sera le *Scalp* Naval.

Qu'attendre de cette diversification des plates-formes de tir ?

Les bâtiments qui recevront le *Scalp* Naval – frégates multimissions dans un premier temps, sous-marins nucléaires d'attaque "*Barracuda*" ensuite – offrent déjà, es qualité de leur état de navires, les effets multiplicateurs de la plate-forme navale que nous avons rappelés plus haut. A ces atouts de mobilité sans contrainte diplomatique, de permanence et de faible vulnérabilité, ils ajoutent d'autres vertus.

Pour le sous-marin comme pour la frégate, il y a d'abord l'effet du nombre de porteurs – 17 frégates multimissions et 6 Barracuda -, qui amènera la possibilité d'agir simultanément sur des théâtres de crise distincts.

Il y a ensuite la faible sensibilité de ces plates-formes aux contraintes météorologiques, dont la campagne aérienne du Kosovo a rappelé qu'elles font souvent obstacle à l'emploi des avions. La permanence du navire au large d'une côte adverse se double donc d'une quasi-permanence de la capacité de tir, que renforce encore l'affranchissement des cycles de maintenance des aéronefs et des temps de repos de leurs équipages, contraintes qui pèsent sur la planification des frappes aériennes.

Il y a enfin le fait que, le missile de croisière étant lancé depuis le bâtiment lui-même, une frappe par *Scalp* Naval ne fait risquer la vie d'aucun pilote au-dessus du territoire et en portée des systèmes de défense adverses, et pas davantage un aéronef dont la perte toujours possible affecte l'image du pays, expose à la capture des équipages, compromet codes et technologies.

La frégate multimissions porteuse du *Scalp* Naval, quant à elle, a ses vertus propres.

Ostensible, s'il lui est ordonné de se manifester, elle concrétise la volonté politique nationale et appuie l'action diplomatique par son déploiement en portée de tir de côtes étrangères. Mais il s'agit là d'un signal modéré permettant d'éviter une escalade trop rapide. Cette présence au large traduit l'engagement de la France et sa détermination à agir s'il le faut. Ce rôle particulier de la frégate multimissions lui est dévolu dans les premiers stades d'une crise et pour accompagner sa conclusion : maintenu sur zone, le bâtiment rappelle au pays visé l'attention que nous portons au respect des engagements signés.

Dans le cœur de la crise, si celle-ci conduit à l'affrontement, la frégate multimissions offre à la coalition au sein de laquelle nous pourrions intervenir le bénéfice de sa capacité d'emport massif : le grand nombre de *Scalp* Naval qu'elle recevra permet une intensification brutale du rythme des frappes sous un faible préavis, mode d'action fréquemment utilisé et dont le navire de surface est l'acteur privilégié.

Le sous-marin porteur du *Scalp* Naval, pour finir, a lui aussi des atouts particuliers et qui dérivent tous de sa discrétion.

En tout temps, le pouvoir politique peut faire peser une menace sur un perturbateur en jouant sur l'éventualité du déploiement, en portée de tir de son territoire, d'un sous-marin porteur de missiles de croisière. L'incapacité où se trouverait ce perturbateur de parer les coups de ce sous-marin, le risque permanent d'une attaque frappant sans préavis ses centres de gravité et l'incertitude sur la réalité de cette présence sous-marine, sont autant de moyens de pression à l'usage du décideur.

Si l'on en vient à choisir l'emploi du *Scalp* naval, la frappe préventive et la frappe de rétorsion, qui toutes deux permettent d'afficher une détermination politique tout en limitant l'envergure de notre action militaire, sont les contributions naturelles du sous-marin dans les premiers stades d'une crise. Mais comme à la frégate, l'engagement de haute intensité réserve au sous-marin un rôle propre et que lui seul peut tenir : il lancera ses missiles depuis les zones où s'exerce une forte supériorité aérienne adverse, alors que l'action des alliés n'aura pas encore amoindri le potentiel ennemi. Si le *Scalp* Naval est déjà, nous l'avons vu, le moyen de frapper sans exposer nos forces, son tir par sous-marin renforce encore cette impunité et offre au décideur la plus sécurisée des options offensives.

L'emport du *Scalp* Naval à bord de nos frégates et de nos sous-marins concrétisera donc la diversification souhaitée des plates-formes de tir, dont le premier bénéfice sera d'élargir le spectre d'emploi du missile de croisière, pour proposer au pouvoir politique, en toutes circonstances, un mode d'action adapté aux nécessités du moment.

Ce que sera le Scalp Naval

Pour en venir au missile proprement dit, le *Scalp* Naval dérivera du *Scalp*-EG dont on conservera, pour limiter les coûts, le plus grand nombre possible d'éléments matériels et logiciels. Les structures des deux missiles seront cependant différentes : le *Scalp*-EG, adapté à l'emport sous une aile, est un engin court et d'importante section rectangulaire, pourvu de son seul turboréacteur puisqu'il bénéficie, au lancement, de la vitesse de l'avion. A l'inverse, le *Scalp* Naval, que l'on doit loger dans un tube lance torpilles, sera nécessairement de section circulaire et plus réduite, et donc d'une longueur supérieure. Il faudra en outre lui adjoindre un accélérateur, qui amènera le missile à la vitesse d'allumage de son réacteur.

Si la version du *Scalp* Naval lancée en plongée par le sous-marin *Barracuda* comportera par la force des choses un dispositif de changement de milieu qui lui sera propre, le missile lui-même – c'est-à-dire la munition volante progressant vers sa cible – sera d'un type unique, qu'il soit tiré des tubes du sous-marin ou des silos verticaux de la frégate multimissions. Il s'agit, là encore, de limiter les développements et donc les coûts.

Une fois lancé, et même si la physique lui impose une forme distincte, le *Scalp* Naval se comportera strictement comme le *Scalp* EG. On ne mentionnera donc que pour mémoire sa capacité de voler bas et de frapper précisément.

Sa portée, quant à elle, mérite quelques développements. Du même ordre de grandeur que celle du *Scalp*-EG, elle doit être considérée non sous sa valeur propre, mais associée au rayon d'action de la plate-forme navale porteuse du missile. La somme de ces deux chiffres laisse peu de zones terrestres hors d'atteinte du *Scalp* Naval, à la périphérie de l'Europe comme aux antipodes.

Les effets potentiels d'une frappe par *Scalp* Naval apparaîtront plus nettement encore quand on aura rappelé que 80% de l'activité humaine s'exercent à moins de 400 km des côtes. Cette concentration des infrastructures industrielles, politiques et militaires sur le littoral et ses arrières se vérifie sur l'ensemble des continents. Elle expose aux coups des frégates et des sous-marins porteurs du *Scalp* Naval la plus grande part des centres de décision ou de commandement, d'activité économique, de logistique et de production d'énergie de la majorité des pays.

Ce missile de croisière *Scalp* Naval, en définitive, donnera une carte nouvelle au pouvoir politique, et à la Marine la capacité de contribuer plus systématiquement au combat aéroterrestre.

-f-

Prospective technique française
en matière de missiles de croisière

par

Guy BOYET
Unité VTN, Département DPRS,
Office **N**ational d'**E**tudes et de **R**echerches **A**érospatiales
ONERA

1) Les grands axes d 'amélioration

Actuellement les organismes de recherche et les bureaux d'étude des missiliers travaillent sur plusieurs voies, toujours dans le sens de l'augmentation des performances des produits proposés et de la réduction des coûts d'acquisition et de maintenance afin de rester leaders dans un domaine en constante évolution.

La panoplie des missiles est très large : missile air-air, missile anti-char, anti-radar... Elle offre des sujets de recherche et de développement considérables. Si l'on se restreint au domaine des missiles de croisière (sol-sol, mer-sol ou air-sol), les principaux axes de recherche sont les suivants :

- Augmentation des capacités de pénétration des défenses : dans la logique de l'arme et de la cuirasse, les systèmes de défense se perfectionnent et se multiplient, utilisant les radars mais également des moyens d'alerte aéroportée ou satellitaire (en développement). L'accroissement des capacités de pénétration des missiles de croisière peut s'obtenir en améliorant la discrétion du missile (furtivité électromagnétique et/ou infrarouge), la hauteur de vol dans les phases de croisière, la manœuvrabilité (son « agilité ») ou la vitesse de vol, en particulier dans la dernière partie de son vol où il y a un risque important de rencontrer un intercepteur. Les missiliers tentent de progresser sur l'ensemble de ces points mais beaucoup sont antinomiques et il faut alors faire des choix et des compromis.
- Diversité des plates-formes de lancement : il est recherché, afin de réduire les coûts, de pouvoir lancer un missile (ou des versions proches les unes des autres) de plusieurs porteurs différents, par exemple d'avion, de bateau, de sous-marin ... et, à plus long terme, de drone. L'exemple du *SCALP NAVAL* en développement illustre assez bien cette philosophie.

- Elargissement de la classe des objectifs visés : en particulier l'attaque d'objectifs de valeur faiblement mobiles, type convoi de chars ou plate-forme mobile de lancement de missiles, est une demande de plus en plus forte.
- Capacité tous temps : l'ensemble du système d'arme doit posséder une grande disponibilité de fonctionnement, en particulier la capacité tous temps (pluie, nuages, brouillard….) mais également toutes régions (large gamme de températures chaud-froid, d'humidité, d'environnement type sable…). L'ensemble du système est conditionné par cet environnement.
- Augmentation de la portée : afin d'exposer le moins possible l'avion porteur du missile (l'avion avec son pilote à bord et à terme le drone lanceur de missile), l'augmentation de portée permet un largage de plus en plus loin de la cible et des éventuels intercepteurs. Cette augmentation de portée peut s'acquérir en travaillant sur l'aérodynamique (réduction de traînée des engins) mais aussi et surtout en améliorant ou développant de nouveaux concepts de système de propulsion (nouveaux moteurs, nouveaux combustibles….)
- Intelligence embarquée et autonomie : ce thème génère actuellement de nombreux développements, en particulier en ce qui concerne les fonctions suivantes:
  - allègement de la préparation de mission : raccourcir cette phase préparatoire très coûteuse en temps et limitant ainsi nettement la réactivité du système,
  - établissement de trajectoires de façon autonome, auto-adaptation en cours de mission, évitement automatique d'obstacles,
  - réaffectation de données en cours de vol (changement d'objectif, confirmation de mission),
  - capacité de réaction face aux défenses adverses,

- ➢ coordination de missiles au sein d'un même raid d'attaque,
- ➢ déroutement terminal en cas d'objectif non reconnu ou ayant changé de configuration : typiquement, c'est le scénario observé récemment en Bosnie, où le pont qui devait être détruit était occupé par un convoi civil au moment de l'impact. Une interruption de mission aurait été souhaitable mais impossible dans les configurations actuelles de missile.

- ❑ Amélioration de la précision d'impact, limitation des effets collatéraux : l'évolution des charges militaires et les techniques de guidage terminal sont en particulier touchées par ce point précis. Si l'on recherche à percer des blindages (métallique ou béton pour des bunkers) de plus en plus épais et résistants, ce n'est pas par augmentation du volume de la charge mais plutôt en travaillant sur la précision d'impact (la précision métrique est souvent recherchée ou, de façon plus illustrative, « être capable d'attaquer un bâtiment en entrant par une fenêtre préalablement choisie ») et en travaillant sur l'efficacité de la charge (en particulier, focaliser l'énergie de la charge vers ce que l'on veut détruire).
- ❑ Réduction des coûts : enfin dernier point, mais non des moindres, le compromis coût/efficacité est déterminant dans le choix final de la solution retenue, contrairement à auparavant où seule la performance comptait…

2) Une affaire de compromis …

Les ingénieurs sont en permanence confrontés à des choix technologiques et des compromis entre diverses solutions. Ces compromis sont de plus en plus difficiles à réaliser au fur et à mesure que le système se complexifie et que l'intégration est poussée. Il ne faut plus d'ailleurs raisonner seulement en terme d'optimisation du missile seul, mais bien au niveau de ce que l'on appelle maintenant le système d'arme (le missile, sa conduite de tir, son intégration au porteur, son système de préparation de mission….) et dans lequel le vecteur n'est qu'un maillon.

En ce qui concerne les missiles de croisière, les compromis principaux peuvent se distinguer en deux grandes familles :

- compromis furtivité/vitesse : un missile furtif, compte tenu des technologies actuellement disponibles, utilise des formes et des matériaux peu compatibles avec les grandes vitesses. Un exemple est le missile *APACHE/STORM SHADOW* (Matra) qui possède une grande furtivité (faible signature radar et infrarouge) mais qui, en revanche, croise à des vitesses subsoniques. Sa détection est rendue également difficile car il utilise un vol en suivi de terrain, à quelques dizaines de mètres du sol, ce qui nécessite une grande précision de navigation. A l'opposé, un missile comme le missile ***ASMP*** (*A*ir-*S*ol ***M***oyenne ***P***ortée, composante nucléaire stratégique aéroportée) croise à haute altitude et grande vitesse, au détriment d'une furtivité moins grande.
- compromis profil de mission/portée : comme précédemment, un missile qui croisera à très basse altitude pourra profiter d'un masquage naturel du relief (les radars détectent difficilement un engin volant à très basse altitude), mais sa portée sera nécessairement limitée par rapport à un missile volant à haute altitude (typiquement supérieure à 15.000m), qui pourra aller très vite (typiquement 3 fois la vitesse du son) mais sera plus facilement détectable.

3 produits / 3 concepts...

APACHE-SCALP (en qualification):

missile furtif / vol en suivi de terrain / vitesse subsonique

Missile Nucléaire à Statoréacteur à accélérateur intégré *ASMP*

Opérationnel depuis 1986 sur *Mirage IV*, *M2000* & *Super Etendard*

Trajectoires variées Mach 2 à 3+

EXOCET **(opérationnel)** : vitesse supersonique/profil « ras des flots »

3) Les défis technologiques

Pour atteindre tous les objectifs cités précédemment, les ingénieurs mènent leurs recherches sur les grands axes suivants :

- ➢ Discrétion ou furtivité
- ➢ Propulsion et aérodynamique
- ➢ Avionique

Le travail sur les charges militaires proprement dites n'est pas abordé dans le cadre de cet exposé car il n'est pas lié spécifiquement aux missiles de croisière.

Furtivité

La furtivité des missiles doit se travailler actuellement suivant deux types de détecteur : les radars (de veille ou de poursuite) cherchant une détection électromagnétique ou les détecteurs infrarouges recherchant la signature thermique de l'engin.

La réduction de la signature électromagnétique d'un missile s'est faite initialement par des traitements passifs, en jouant essentiellement sur les formes et les matériaux recouvrant la peau du missile. Schématiquement, en travaillant sur les formes, on peut dévier l'onde radar incidente dans une direction différente de celle d'arrivée et ainsi renvoyer peu de signal (donc une faible signature) au radar. Cette technique, largement employée sur l'avion américain F117, conduit à des formes anguleuses, peu compatibles avec les lois aérodynamiques. En travaillant sur les matériaux, on ne dévie plus l'onde incidente mais on cherche à l'« absorber» et, comme précédemment, à en renvoyer le moins possible vers la source.

Actuellement, de nombreuses équipes travaillent sur les techniques de discrétion active (plusieurs techniques sont en cours de mise au point et d'évaluation comme l'interférence destructive, la modulation de signature, l'utilisation de plasma...). Ces technologies sont plus délicates de mise en œuvre, elles supposent une connaissance parfaite de la signature de l'engin, l'emport d'une source d'énergie supplémentaire à bord du véhicule, la mise au point les capteurs et émetteurs adéquats....

De plus, quelle que soit la technologie employée, passive ou active, leur efficacité n'est pas la même suivant la fréquence du radar qui les observe. Il faut maintenant travailler dans des bandes de fréquence très larges (du métrique au millimétrique) ce qui conduit à des compromis et une bonne connaissance des moyens d'observation adverses.

Outre la discrétion électromagnétique, le missile de croisière performant devra également posséder une bonne discrétion infrarouge. Deux contributeurs majoritaires à cette signature (suivant la bande de fréquence) : le jet du système propulsif et la signature de la peau.

Les traitements pour le système propulsif consistent, pour les moteurs type turboréacteur à employer des moteurs double flux ou diluer le jet moteur par un jet périphérique basse vitesse, et travailler sur les tuyères pour favoriser cette dilution. Pour la peau du missile, l'emploi de film à motifs périodiques ou des peintures à faible émissivité diminue cette signature. Le problème peut subsister lorsqu'il faut faire cohabiter les matériaux absorbant radar avec des matériaux à faible signature infrarouge.

Enfin, la discrétion du missile doit être étudiée en vol mais également lors de sa phase d'emport. Mise en œuvre sur les avions lourds américains, les Européens se penchent maintenant également sur les emports discrets des missiles, par différentes techniques : missile en soute, missile intégré au fuselage....

Propulsion, aérodynamique et contrôle

De nombreux travaux sont menés autour des différents modes de propulsion adaptés aux hautes vitesses/basse consommation, ce thème étant très important pour les missiles de croisière devant avoir une longue portée. Parmi les différentes recherches actuellement en cours, on peut citer :

L'amélioration des systèmes existants comme le statoréacteur (propulseur de l'*ASMP* et du futur *ASMP-A*) ou le turboréacteur (propulseur du *SCALP-APACHE*). Pour le statoréacteur, les recherches sont orientées vers la mise au point de protections thermiques internes endurantes, le remplacement du kérosène classique par des carburants denses à haute impulsion spécifique et l'emploi d'accélérateur plus performant tout en améliorant les aspects de muratisation des missiles (résistance au feu, au tir à la balle....). Pour le turboréacteur, les recherches actuelles sont plutôt orientées vers la diminution de la consommation spécifique, la réduction des coûts, l'augmentation de l'endurance et la discrétion infrarouge. Par exemple, l'emploi d'un double flux sur ces petits turboréacteurs permet la diminution de la consommation tout en diluant le jet moteur et permettant ainsi une réduction de la signature thermique du moteur.

Des systèmes plus novateurs sont également en cours d'étude, principalement en suivant les objectifs :

- des hautes vitesses (croisière au-delà de Mach 6) avec le statomixte ou bien encore le superstatoréacteur,
- des capacités de modulation de poussée permettant des trajectoires variées et un accroissement de l'effet terminal avec des moteurs à détonation (pulse detonation engine) ou l'utilisation de la propulsion hybride.

Parallèlement à ces problèmes de propulsion sont associées, en particulier pour les hautes vitesses, des recherches sur les matériaux et structures chaudes (protection thermique, film cooling, refroidissement actif par le combustible, matériaux chauds pour structures externes,...)

Si l'aérodynamique a été étudiée depuis très longtemps, les recherches se poursuivent et de nouveaux progrès peuvent être espérés. L'aérodynamique est maintenant rarement étudiée seule et de façon isolée, mais souvent couplée avec de nouvelles technologies (technologies MEMS par exemple pour le contrôle actif des écoulements...).

Les progrès peuvent apparaître au travers de nouveaux concepts de pilotage aérodynamique (comme par exemple le pilotage par impulseurs type PIF-PAF employé sur l'*ASTER*), la réduction de traînée des fuselages par plasma, l'augmentation de la manœuvrabilité par la poussée vectorielle, ...

Avionique

L'avionique - ou l'ensemble des capteurs, calculateurs et actionneurs intégrés au missile lui permettant de réaliser au mieux sa mission - fait l'objet également de nombreux développements. L'informatique et l'électronique ont permis des avancées considérables en quelques années. La miniaturisation et l'augmentation des performances permettent de doter le missile d'une certaine intelligence « artificielle » et de le faire progresser en terme d'autonomie et d'efficacité de façon remarquable.

Les principales avancées technologiques des années futures devraient être centrées sur les thèmes suivants :

- La phase terminale, ou encore phase d'acquisition et de reconnaissance de l'objectif, constitue une phase importante du vol et conditionne directement la précision de l'arme.

  Les travaux portent essentiellement sur les autodirecteurs (AD) avec deux familles :
  - autodirecteur bas coût (type AD rigide),
  - autodirecteur bi-modes (EM/IR) permettant la capacité tous temps et la résistance au brouillage.
- Les techniques de navigation avec en particulier l'hybridation de plusieurs techniques déjà bien maîtrisées (inertiel/GPS/satellitaire....) et le recalage de navigation permettant au missile de suivre au mieux sa trajectoire (détection d'amers, recalage cartographique, ...).
- Enfin, d'autres équipements, comme les détecteurs de menaces permettant au missile d'enclencher des techniques et manœuvres d'échappement ou encore les liaisons de données permettant le dialogue entre l'arme et le système de décision (éventuellement via un relais type avion ou satellite). Le besoin de confirmer jusqu'au dernier moment l'objectif devient une nécessité de plus en plus impérieuse. Très médiatisés, les conflits modernes se veulent « propres » et ne peuvent plus se permettre de détruire un objectif qui n'a pas raison de l'être.

4) Conclusion

Comme le montre l'exposé ci-dessus, les besoins opérationnels nécessitent un accroissement permanent des performances des systèmes et le missile de croisière n'échappe pas à cette règle.

Ceci constitue pour les équipes de recherche et les missiliers ou équipementiers de véritables défis technologiques et ce, avec des échéances très variées, allant de la remise à niveau du matériel existant à l'étude de systèmes disponibles en 2020-2030. Le missile utilise une large palette des technologies aéronautiques, de l'aérodynamique à la propulsion en passant par le pilotage, l'avionique, les structures, …et constitue autant d'axes de recherches. La France - et plus généralement l'Europe - dispose d'un savoir-faire important en conception de missiles de croisière et propose, à ses forces armées et parfois à l'export, des produits tout à fait concurrentiels par rapport à ceux des Etats-Unis ou de la Russie. Le *SCALP*, l'*ASMP*, l'*EXOCET* sont très bien placés par rapport à l'offre mondiale et d'un point de vue purement technique, leurs performances sont tout à fait remarquables.

D'autres projets, moins médiatisés et plus prospectifs, sont également dans les cartons des ingénieurs des centres de recherche. Par exemple, les deux projets illustrés ci dessous, menés par l'ONERA, préfigurent les missiles de croisière des prochaines décennies, et font appel aux techniques et technologies les plus novatrices.

1986-1996 Projet MARS

- Concept aéropropulsif avancé à fuselage lenticulaire
- Très hautes Vitesses (M=4/5), Très longue portée
- Carburant haute densité, Configuration Furtive
- Application missiles ou drones

1999-2002
Projet PROMETHEE

Statomixte pour applications hypersoniques futures

- Mach 2 à 8 Très haute Altitude Longue Portée
- Essais au sol du système Propulsif à l'ONERA Palaiseau
- Développement des technologies de refroidissement par le carburant
- Mise en place d'une logique de démonstration sol et vol

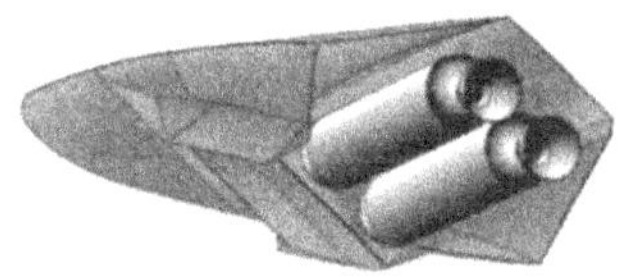

(coopération ONERA-Aérospatiale Matra Missiles)

-g-

Le missile à bas coût

par

Jean-Marc TANGUY

Journaliste spécialisé

Avant de commencer, je m'étonnerais seulement qu'avec un titre aussi alléchant, ni les fabricants, ni la DGA - connue pour sa volonté de réduire les coûts - n'aient jugé utile de développer le sujet. Est-il vraiment populaire finalement ? Je prends le risque...

Bien qu'ayant toujours séché mes cours d'économie quand j'étais étudiant, je crois me rappeler qu'il y a deux façons relativement "faciles" de réduire les coûts d'un produit : soit assurer une production importante, et le coût unitaire baisse avec le rang de série (loi de dégressivité), soit jouer sur ses composants. Avec le coût des 35h en France, je ne crois pas que la main d'œuvre soit aujourd'hui une véritable variable d'ajustement.

Depuis l'apparition de nos premiers missiles guidés, que ce soient les *AS10* de Nord Aviation ou les premiers *Magic* de Matra, le coût n'a cessé d'augmenter. Amélioration de la précision, résistance aux contre-mesures, multiplication des modes de guidages pour éviter le brouillage, le mauvais temps, les dommages collatéraux, l'addition ne pouvait qu'augmenter. Quand on réfléchissait dans le Livre Blanc à ce qui allait devenir le *Scalp*-EG, on pensait pourtant aussi à une munition à bas coût, intermédiaire entre ce même *Scalp* et la simple *Paveway* guidée par laser, qui a peu évolué depuis son entrée en service au Vietnam dans les années soixante. On a presque découvert pendant l'opération Trident que ces *Paveway* n'étaient pas efficaces par toutes les conditions météo, et dans tous les contextes opérationnels.

Une blague de journaliste sans doute, puisque dès 1993, le besoin pour un système plus performant avait été émis par l'Armée de l'Air pour ce qui est devenu l'*AASM* (*A*rmement *A*ir-*S*ol-*M*odulaire). Le concept était alors relativement simple : il s'agissait de développer un kit de navigation et un kit d'allongement de portée qui viendraient s'articuler sur un corps de bombe de 250 kg. En gros, de développer une Super *Paveway* à la française. Le besoin était réel puisqu'une fois de plus, comme en 1994, en 1999, nos armées étaient à court de kits de guidage. La Marine avait trop de kits, mais pas de bombes ; l'Armée de l'Air avait trop de bombes, mais pas assez de kits.

En octobre 1998 la DGA, qui voulait faire de l'*AASM* un programme pilote, lança la première consultation internationale de son histoire pour trouver un fournisseur. Quelques étrangers, israéliens, sud-africain et américains répondirent pour la forme mais, sans grande surprise, ce fut un trio de français, Matra BAe Dynamics, Aérospatiale Matra Missiles et Sagem qui fut short-listé en 1999. Le 13 septembre 2000, Sagem remportait pour la première fois de son histoire un contrat de maîtrise d'œuvre d'un programme de missile tactique. Le kit de navigation sera développé par Sagem, le propulseur solide par Celerg - le contrat a été signé avant le Bourget -.

Un choix fondé plus sur une politique de prix que des considérations industrielles, puisque même chez Sagem, on reconnaît à MBDA le leadership européen en matière de missiles (l'inverse n'est évidemment pas possible...).

C'est bien d'un missile dont nous parlons, au risque de choquer certains d'entre vous. Et ses possibilités d'évolutions sont encore plus étendues que celles d'un missile classique, grâce à son caractère modulaire. Déjà deux kits différents sont prévus dans le cadre du contrat initial, portant sur 3.000 unités. Un kit décamétrique, avec une unité inertielle et un GPS, un kit métrique, avec navigation à inertie, GPS et reconnaissance de cibles grâce à un imageur infrarouge, pour une précision métrique. Le premier traitera des objectifs fixes, comme une piste, un hangar, sans risques de dommages collatéraux. Le second traitera des objectifs de dimensions réduites (un site radar par exemple) qui ne peut être détruit que par impact direct.
Selon l'altitude de largage, la portée s'établit entre 15 et 60 km - pour autant qu'on puisse acquérir une cible mobile à

cette distance -, grâce à la poussée du propulseur et la portance des quatre ailettes dépliables.

Avec de telles performances, l'*AASM* peut, sans modification aucune, constituer un armement antiradar non dédié. Parce qu'un radar de détection est rarement un radar très mobile. Pour des objectifs plus mobiles, l'intégration d'un autodirecteur EM passif spécifique sur étagère ferait de l'*AASM* l'armement antiradar dédié le plus complet, puisque les modèles les plus évolués, comme le projet *Aramis* de BGT n'ont que trois senseurs (GPS, EM passif, infrarouge). Des dérivés avec des corps de bombes différents - une 1.000 kg par exemple - faisaient aussi partie du cahier des charges initial.

Je voudrais m'aventurer, pour terminer ce rapide exposé, à un comparatif bref entre l'*AASM* et le *Scalp*. Le *Scalp* gagne en matière de portée (ce qui réduit la vulnérabilité du porteur), d'effet de charge sur des objectifs très durcis (charge Borach). L'*AASM* l'emporte en matière de coût évidemment, mais aussi en matière de survivabilité. On n'a pas encore réussi à intercepter une bombe guidée, je suis sûr qu'un jour, au CEL, on essaiera d'intercepter un *Scalp* EG avec un missile *Aster*, et que le deuxième l'emportera.

Cette évolution vers le bas coût s'illustre aussi en matière de roquette, puisque TDA développe un engin, le *Syrockot*, guidé par laser, pour le *Tigre*.

-h-

La prolifération des missiles balistiques

par

Louis LEVEQUE
Expert Conseil en systèmes de défense
EADS Launch Vehicle

Se doter d'une force de missiles balistiques est une démarche qui a été poursuivie par les 5 puissances nucléaires officielles (USA, Russie, France, Chine et Grande-Bretagne) au lendemain de la seconde guerre mondiale. Par la suite, d'autres pays se sont lancés dans la même direction, mais en sont restés dans un premier temps à des engins de courte portée. Dans les années 70 et 80, l'URSS a exporté plusieurs milliers de Scud B (portée 300 km) vers des pays comme l'Irak, l'Egypte, la Libye et la Syrie. Actuellement, les producteurs principaux sont la Corée du Nord et la Chine, mais de nombreux liens existent entre les pays proliférants. Les transferts concernent maintenant d'autres types d'engins plus modernes et plus performants.

C'est à la fin des années 80 que sont apparus les premiers développements de missiles de plus longues portées : le *Al Hussein* en Irak (600 km), le *Condor 2* en Argentine (1.000 km). Ce phénomène s'est accentué dans les années 90 et de nouveaux programmes ont atteint le stade des essais en vol.

La prolifération des missiles s'analyse de la manière suivante :

- elle peut s'effectuer par achat de systèmes complets, par copie ou modification de missiles existants, ou par développement de nouveaux missiles ;
- le nombre de missiles concernés est en augmentation. 45 types différents de missiles de portée supérieure à 150 km ont été identifiés :
  - 15 sont en service opérationnel,
  - 30 sont à divers stades de développement ;
- les nouveaux développements sont marqués par l'augmentation des performances : on devrait voir apparaître à court terme des engins de 2.000 à 5.000 km

de portée et, à moyen terme, des engins de portées intercontinentales.

- les technologies s'améliorent : missiles à tête militaire séparable, propulsion à poudre.

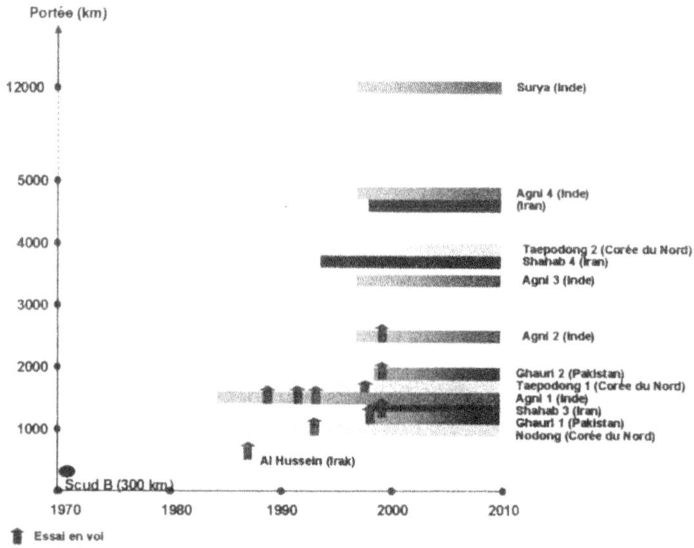

PARTIE II

LES ANTI-MISSILES

-a-

Problématique générale de la défense contre les missiles au sein la Défense Aériennes Elargie dans l'OTAN

par
Jean MICHEL
Général de Brigade Aérienne
Commandant en second le **CDAOA**

Introduction

Derrière ce titre compliqué, où il a fallu trouver une place pour y introduire le mot missile, se dessine la difficulté de dégager et, *a fortiori*, de mettre en œuvre de nouveaux concepts dont les bases tiennent compte du changement géostratégique qu'a entraîné la fin de la guerre froide.

La menace soviétique, un risque avéré et l'expectative de la guerre

En effet, comme on se le rappelle, la période de la guerre froide était celle des certitudes. En particulier, celle de la menace soviétique dont la forme ou les formes possibles étaient bien appréhendées. Les risques avérés avaient conduit à ce que l'évolution de la situation en guerre déclarée était admissible et admise.

A cette époque, la soudaineté et la brutalité de la menace aérienne était une question première à résoudre. Ce que l'OTAN a su faire en mettant sur pied un concept, le **NATINAD** (**NAT**o **IN**tegrated **A**ir **D**efence) et un système, le **NATINADS** (**NAT**o **IN**tegrated **A**ir **D**efence **S**ystem), auxquels la France a adhéré et participé à sa manière, notamment par le lien qu'elle a toujours eu avec le réseau de détection et d'échanges d'information que constitue le **NADGE** (**N**ato **A**ir **D**efence **G**round **E**nvironment), même si notre pays a conservé sa stricte autonomie d'alerte au sol des chasseurs d'interception et des moyens sol-air.

La suprématie mondiale des USA, des risques faibles et une vulnérabilité inadmissible

Tout autre se présente la situation actuelle, la suprématie mondiale des Etats-Unis a inséminé les concepts de l'OTAN, faisant émerger deux paramètres importants :

- la menace est faible vis-à-vis des pays membres car il serait insensé de s'y attaquer, compte tenu de leur puissance associée au sein de l'OTAN,
- toute vulnérabilité susceptible de remettre en question cette suprématie est devenue inadmissible.

L'association directe de ces deux paramètres fait naître immédiatement un paradoxe. La diminution de la menace apparaît engendrer une course technologique pour l'exclure définitivement. Le pari est tentant, certains ont déjà déclaré leur mise. Leurs motivations sont-elles vraiment la recherche utopique de l'annihilation de la menace ? On peut en douter, ceci est d'ailleurs l'objet d'un débat politique.

Toujours est-il - c'est un constat - que l'OTAN aura mis plus de dix ans pour apporter une première réponse à la nouvelle situation géostratégique en matière de défense aérienne en proposant tout récemment au **NAC** (**N**orth **A**tlantic **C**ouncil) un nouveau concept, le **NATINEAD** (**NAT**o **IN**tegrated **E**xtended **A**ir **D**efence) et le développement d'un système associé, le **NATINEADS** (**NAT**o **IN**tegrated **E**xtended **A**ir **D**efence **S**ystem). Cette réponse pour démonter ou du moins tenter de faire face au paradoxe qui vient d'être évoqué mérite examen et ceci est l'objet de ce propos. Pour ce faire, il paraît essentiel de reprendre les questions de base qui ont dû normalement générer ces développements : le « pourquoi », le « quoi » et le ou plutôt les « comment » et, à partir de l'esquisse des réponses, recevoir l'éclairage des contraintes politico-militaires et technico-opérationnelles pour en tirer matière à réflexion.

Esquisse de réponses aux questions fondamentales

Le « pourquoi ?» et la complexité de la nouvelle donne, la matrice « missions/menaces »

Sans que l'Organisation du Traité de l'Atlantique Nord remette en cause le besoin originel de garantir l'intégrité de son espace aérien européen, ce qui a conduit au NATINADS, l'OTAN prend acte de la constante évolution de l'environnement et considère que le NATINADS doit suivre un processus d'adaptation pour répondre à la fois aux nouvelles menaces que sont la prolifération des armes de destruction massive et leurs différents vecteurs, ainsi qu'aux nouvelles missions que constituent l'ouverture de l'OTAN à de nouveaux membres, son engagement dans la prévention des conflits, la gestion des crises et la coopération avec d'autres états dans le cadre du Partenariat Pour la Paix ou du Dialogue Méditerranéen.

Ainsi le « pourquoi » d'un nouveau concept trouve sa raison dans une équation matricielle missions/menaces dont le schéma devient singulièrement plus compliqué.

Dans cette équation, nous apparaissent comme premiers éléments de la matrice quatre types de centre de gravité de nature stratégique ou opérationnelle qu'il conviendrait de protéger d'une attaque aérienne ou spatiale :

- les populations des pays membres, dont les anciens ont évacué depuis plus de 10 ans le sentiment d'une menace directe ; l'idée d'un retour en arrière, alors que la confrontation des blocs n'existe plus, leur apparaît incongrue ;
- les points décisifs localisés sur le territoire des pays membres, (forces territoriales, structures d'accueil de renforts, autres points à haute valeur civile ou militaire) en continuité du concept originel, en tant que capacité à résister à une agression ;

- les points décisifs d'un théâtre extérieur (forces projetées, points de débarquement, ...) qui sont une expression directe de la capacité à intervenir, laquelle en sous tend la volonté ;
- sur un théâtre extérieur, la population d'une nation hôte pour les forces projetées.

Le deuxième type de paramètres pour cette matrice est constitué par la charge militaire véhiculée à travers l'air ou l'espace qui, suivant l'effet recherché, peut être conventionnelle ou de destruction massive avec une spécificité nucléaire, chimique ou biologique, donnant à la nature de la crise ou du conflit des dimensions, bien évidemment, fondamentalement différentes.

Le « pourquoi » étant éclairé, c'est-à-dire pour répondre à la matrice missions/menaces, il convient de cibler le « quoi » faire.

Le « quoi ?» et la multiplicité des éléments à considérer, la matrice « charge militaire/vecteur/surface à protéger »

Il s'agit de dénier toute efficacité militaire aux armes aériennes ou spatiales employées ou susceptibles de l'être dans un espace donné.

Le type de charge militaire, au moins lors d'un premier emploi, reste et restera une grande inconnue. Il s'agit donc de disposer d'une parade à toute arme de ce type susceptible d'être employée en nombre limité par un état qui, n'ayant pas l'aptitude, en particulier économique, à jouer les règles du jeu mondial, cherchera à imposer les siennes par ce moyen.

Il convient ensuite d'associer aux types de charges militaires que je viens d'évoquer, les deux grandes catégories de vecteurs possibles avec leurs caractéristiques particulières :

- le missile balistique est connu pour les éléments déterminants que sont sa vitesse, son allonge et une certaine furtivité vis-à-vis des moyens de détection classiques, rendant ainsi les solutions de tir délicates ;

- les meilleures qualités de pénétration du missile de croisière, quant à lui, sont d'une part sa très grande discrétion lors de son lancement et en vol et d'autre part sa trajectoire évolutive.

Il est apparu rapidement que les vecteurs, par leurs déterminismes différents, constituent deux grandes catégories qui conduisent à des réflexions spécifiques et il en a été pris acte très tôt, l'OTAN focalisant sa réflexion sur la menace balistique.

Enfin il s'agit de traduire la qualité des cibles en entités plus modélisables, en particulier en termes de surface à protéger ; il est donc considéré deux types de défense, celle de points sensibles (10 km x 10 km) et celle de zone. Sur cet aspect particulier, l'OTAN a décidé de limiter - jusqu'à nouvel ordre - le « quoi » ; il s'agira d'une défense de points.

On note ainsi que la matrice du « pourquoi » reçoit par incidence une limite :

- toute la population n'apparaît plus à protéger,
- les villes dont l'étendue est supérieure à la définition d'un point posent question car elles se montrent très gourmandes en moyens.

Cette limite amène immédiatement d'autres questions :

- combien de points sont à défendre et sur combien de théâtres ?
- quels sont les critères de sélection de ces points ?

La réponse à ces questions est évidemment indispensable pour compléter les éléments de solution à la 3ème question, celle des « comment ».

Les « comment ?» et les piliers de la défense aérienne élargie

Les études relatives à ce type de questions en sont seulement à leur début dans l'OTAN. Le nombre de

« comment », qui est toujours d'une variété impressionnante, laisse présager de longs travaux, ce d'autant qu'il faut être exhaustif. Néanmoins on peut avancer que les réponses s'articulent toutes autour d'un processus logique en matière de défense aérienne : la détection initiale, la décision de réaction et *in fine* la mise en œuvre de la ou des réponses.

La faiblesse des délais de réaction laissés par le tir d'un missile balistique exige que la détection et l'établissement de la trajectoire du missile soient précoces. Il est donc nécessaire de voir au-delà de la ligne d'horizon. Actuellement seuls, dans l'OTAN, les Américains en sont capables de manière opérationnelle. Ils se sont engagés à fournir aux Alliés ces informations essentielles. L'alerte avancée n'est donc pas traitée par l'OTAN ; seules les interfaces permettant la prise en compte de ces informations font l'objet de capacités prises en compte par l'OTAN.

Parallèlement, la question de la détection dans des délais appropriés, c'est-à-dire permettant de réagir, se pose pour disposer d'une alerte utile en face des missiles de croisière. On peut imaginer d'ores et déjà que cette détection demandera sûrement des moyens d'observation à partir du ciel et qu'elle posera le problème de la permanence.

Au bilan de ce très rapide aperçu sur la détection initiale, on constate combien l'OTAN en tant que telle, est encore mal armée pour répondre au premier volet du triptyque du processus, soit qu'elle s'appuie complètement sur une nation, à la différence de la réponse qu'elle avait conçue avec le NADGE, système intégré financé par l'OTAN, soit que celle-ci n'a pas encore établi de concept.

Le deuxième volet de ce triptyque repose sur la capacité à décider d'un ou de plusieurs types de réponse. Cette capacité est appelée dans le jargon de l'OTAN le « BMC3[1] ». Basé sur la fusion « multicapteur », il est l'outil qui permet de

---

[1] Battle Managment C3 (C3 = Consultation, Commandement et Contrôle - de gestion de la bataille)

dégager les actions possibles de déni d'efficacité des entités « charges militaires/vecteurs » adverses et de déclencher leur mise en œuvre. Il constitue une clé majeure du système de défense aérienne dans la mesure où celui qui en dispose fera autorité en matière de gestion voire de direction de la campagne aérienne, dépassant largement le cadre de la seule défense antimissile.

Dans ce cadre, des systèmes expérimentaux partiels ont déjà été développés dans l'OTAN. Ils doivent normalement trouver une mise en oeuvre opérationnelle avec la mise en service de l'**ACCS** (**A**ir **C**ommand and **C**ontrol **S**ystem) au-delà de 2005, grâce au marché passé auprès d'un groupe franco-américain, dénommé ACSI, par la **NACMA** (**N**ato **AC**cs **M**anagment **A**gency), agence de l'OTAN chargée de la réalisation de l'ACCS.

Concernant les réponses possibles, l'OTAN en a défini trois types complémentaires, la défense passive, la défense active et les contre forces conventionnelles :

- la défense passive, indiquée ici pour mémoire, a pour objet un déni de dommages malgré l'accomplissement d'une frappe aérienne ou spatiale quelle que soit sa nature ;
- la défense active a pour but d'empêcher l'accomplissement de la frappe par destruction en vol du missile ; c'est ce mode d'action qui nous intéresse plus particulièrement aujourd'hui ;
- enfin, mentionnées aussi pour mémoire, les contre-forces conventionnelles ont pour mode d'action le déni d'emploi des missiles par destruction ou neutralisation préemptive soit de la charge militaire soit du vecteur.

La défense active, comme on s'en doute après l'examen des vecteurs, fait l'objet de deux branches distinctes :

- plus particulièrement dans le domaine balistique, l'OTAN cherche à développer depuis plusieurs années une réponse avec le **MEADS** (**M**edium **E**xtended **A**ir **D**efence

System) duquel la France s'est retirée assez tôt, laissant ainsi en ligne les Américains, les Allemands et les Italiens ;

- pour ce qui est des missiles de croisière, à l'identique du problème de la détection initiale, l'OTAN n'en est qu'aux balbutiements de sa réflexion ; le groupe de travail chargé d'étudier le développement éventuel de systèmes d'armes particuliers attend, à juste titre, qu'une approche conceptuelle lui soit fournie.

En résumé, le concept de défense aérienne de l'OTAN, élargi aux missiles, définit quatre piliers, le *BMC3* et les trois types de réactions complémentaires - passive, active et de contre-forces conventionnelles - et ce, sans recouvrir cependant la totalité du triptyque logique de la chaîne de défense aérienne que constitue la détection initiale, la décision de réaction et la mise en œuvre de la ou des réponses.

Le tour des trois questions fondamentales étant ainsi fait, on s'aperçoit qu'il y a, là aussi, une sorte de paradoxe entre la complexité et la multiplicité du « pourquoi » et du « quoi » et la relative précision de l'OTAN à ses réponses aux « comment ».

Ainsi, même si la limitation du champ du « quoi » est un argument pour amoindrir ce paradoxe, il n'est pas suffisant pour dénouer l'ensemble de la problématique qui demeurera confuse tant que l'on ne prendra pas le soin d'éclairer les « comment » à la lumière des contraintes politico-militaires et technico-opérationnelles qui sont autant de questions ou de problèmes à résoudre par l'ensemble utilisateurs/réalisateurs que sont d'une part, les opérationnels et d'autre part, les industriels, qu'ils soient détecteurs, architectes ou missiliers sans oublier les différentes interfaces étatiques propres à chaque pays de l'OTAN. *In fine*, il faudra toujours impérativement considérer la chaîne de défense antimissile de bout en bout, à défaut de quoi, sa valeur se limitant à celle de son maillon le plus faible, son efficacité pourrait être mise en cause.

Les différentes problématiques

Sans prétendre ni être exhaustif, ni apporter de quelconques réponses, il paraît important d'énumérer un certain nombre d'éléments qui posent questions à différents niveaux et qui auront une incidence sur la réalisation des « comment ». Ainsi ressortent particulièrement des problèmes d'ordre politico-militaire comme la notion de territorialité et les priorités financières ou d'ordre technico-opérationnel pour prendre en compte, entre autres, la sensibilité de la boucle décisionnelle et la complexité des paramètres architecturaux du système d'ensemble.

Les aspects politico-militaires

Même pour un conflit dit limité, le théâtre importe particulièrement selon que celui-ci concerne directement le territoire des pays membres de l'Alliance ou qu'il leur soit extérieur.

Pour les théâtres nationaux, la sensibilité politique relative aux installations d'infrastructure ou aux systèmes mobiles est extrêmement grande. On connaît le débat ,dans le domaine du nucléaire qu'a suscité en France, à son époque, le problème de la sanctuarisation. La prise en compte des armes de destruction massive comme menace invite à ne pas sous-estimer ce type de débat.

Par ailleurs, au vu de l'importance du respect des conventions internationales et de l'attention nécessairement portée aux dommages collatéraux visant sa propre population, il s'avère que les règles d'engagement demandent désormais en temps de paix le plus grand discernement. La délégation en matière d'engagement jusqu'à présent donnée par les nations à une organisation internationale – donc éventuellement à des ressortissants d'une autre nation – peut-elle et doit-elle encore s'opérer dans les mêmes conditions d'automaticité qu'imposait la pression de la menace soviétique ?

Dans la même logique, est-ce désormais au commandement intégré de l'OTAN ou aux nations de considérer la priorité des sites territoriaux à protéger, notamment entre objectifs civils et objectifs militaires ? Ceux-ci ne sont-ils pas à apprécier selon la nature des conflits potentiels qui reste extrêmement évolutive et dont la raison peut varier de la conquête territoriale à la simple recherche d'avantages politiques ? Ces choix et leur délégation ne peuvent apparemment plus s'établir selon les mêmes principes que ceux établis lors de la guerre froide.

Pour regarder à plus long terme, l'OTAN étudie une défense antimissile multicouches, c'est dire que des interceptions exo-atmosphériques pourraient alors avoir lieu au-dessus de pays qui ne seraient pas destinataires de l'attaque. Malgré le principe de solidarité, *quid* de l'agrément de ce pays à subir les éventuels dommages collatéraux d'armes de destruction massive qui ne le visaient pas ?

Concernant les théâtres extérieurs, jusqu'à quelle acceptation de vulnérabilité une nation hôte est-elle capable d'aller quand un système de défense de point mis en place n'est réservé qu'aux troupes déployées, risquant la prise en otage de sa propre population ?

Sur un plan différent, l'OTAN est confrontée à un problème de priorité financière entre d'une part les éléments fixes dont chaque nation souhaite posséder un élément déterminant et, plus précisément, comme on l'a laissé entendre, un centre de commandement et d'autre part, des entités mobiles qui apparaissent mieux répondre du seul point de vue coût/efficacité militaire au besoin de souplesse et présente une bonne capacité de protection passive. Dans le même ordre d'idée, combien d'entités mobiles doivent-elles être financées par les nations et combien par la collectivité de l'OTAN ?

Les aspects technico-opérationnels

Si la découverte de l'événement et la première diffusion d'alerte sont des éléments essentiels en matière de défense antimissile, ils se présentent en matière décisionnelle de manière différente selon qu'il s'agit d'un effet de surprise ou d'une attaque prévisible.

Dans le premier cas, qu'on peut, par exemple, imaginer de nature terroriste, la parade à ces coups faciles même s'ils sont isolés ou peu nombreux - cas le plus probable dans ce scénario - peut-elle être résolue par la permanence de la veille ? Celle-ci y participe, bien évidemment, mais ne suffit pas, il faut aussi du discernement en matière de réaction - diffusion de l'alerte à l'ensemble du système, y compris aux autorités politiques, et engagement des armes -. Etablie ainsi, la problématique montre l'importance première de la crédibilité du veilleur (système homme machine) qui n'a aucun droit à l'erreur pour juger de l'importance d'un événement inattendu et brutal, avec le double risque de prendre un mouton pour un loup ou de ne pas croire à la réalité du loup.

Lorsque le coup est prévisible à cause d'une situation internationale critique, comment faire face à une attaque locale saturante alors que le principe aujourd'hui retenu est celui d'une menace en nombre maîtrisable ? Un tir en salve d'une soixantaine de missiles de type *SCUD* semble être une capacité assez facilement accessible aux puissances proliférantes. Qu'est-il même défini en termes d'attaque saturante ? Outre la quantité de systèmes d'armes à prévoir pour qui recherche l'invulnérabilité, émergent d'autres interrogations comme la maîtrise des conditions d'engagement. Elle nécessite, en effet, l'identification rapide des cibles visées par l'adversaire et l'affectation de priorité aux systèmes d'armes en fonction de la sensibilité des objectifs, de l'urgence, des dommages collatéraux potentiels dus aux débris des missiles tirés et détruits ainsi que des capacités restantes.

Ces réflexions qui restent encore en suspens montrent clairement un autre paradoxe à maîtriser qui est celui de la boucle décisionnelle. En effet, les questions soulevées précédemment laissent entendre combien le rôle de l'homme reste incontournable alors que le défi des courts temps de réaction incite à l'automatisme.

Un autre domaine reste encore à explorer au sein de l'OTAN, celui de la dimension interarmées qui doit permettre la synergie des moyens mis en œuvre par chaque armée. Des études sur la participation des moyens des composantes terrestre et maritime viennent d'être lancées en application du concept NATINEAD. La perception de la nécessité d'une autorité unique de défense aérienne n'est pas encore dans la culture de tous les membres de l'OTAN, ce point devra être harmonisé. Dans le même ordre d'idée, la dimension internationale évoquée au travers des sensibilités politiques devra sans doute s'appuyer sur des solutions techniques pour faciliter l'apparition des feux verts nécessaires lors de la diffusion des propositions de solutions.

Conclusion

Des défis à tous les niveaux

D'un point de vue politique, qu'est-il supportable en termes de :

- réactivation de courses aux armements ?
- perte d'autonomie de décision ?
- perte d'intérêts non vitaux ?

Au regard des aspects économiques, pour lesquels la faiblesse de la menace justifie de trouver les dividendes de la paix, quels sont les ratios optimum pour les dépenses :

- entre besoins civils et militaires ?
- entre d'une part, forces conventionnelles polyvalentes et à forte probabilité d'emploi et d'autre part, forces spécifiques non dissuasives et à plus faible probabilité d'emploi ?

Dans le domaine de la technologie, comment gérer le risque de l'échec en face des enjeux dont les données sont d'un autre ordre :

- réputation de l'entreprise avec à la clé profit financier ?
- nécessité d'une taille critique pour la recherche et le développement avec à la clé multinationalité ?

En matière d'organisation et d'architecture, quelles solutions apporter en termes de :

- centralisation des bases de données ?
- dissémination de l'information ?
- vulnérabilité à la protection du secret ?
- saturation de l'information ?

Dans la dualité homme/automate, qu'est-il est acceptable en termes de :

- risque de lenteur d'idéation humaine ?
- risque de dérapage en débridant la machine?

Un manque de maturité

La recherche à tout prix de solutions techniques, au sein de l'OTAN, alors que la menace est encore faible et avant que des concepts valides n'aient émergé montre la pression qu'exercent les lobbies militaro-industriels des Etats-Unis, car c'est toujours ce pays qui déclenche les études ou qui veut imposer ses matériels. Parallèlement, et sans qu'on puisse ignorer le lien de cause à effet, s'étale dans les médias une compétition aux enjeux politiques et industriels entre les Etats-Unis et l'Europe prenant, au nom de la démocratie, les populations à témoins.

La compétition économique et technologique entre les deux continents et entre les industries multinationales apparaît s'accorder d'une part avec la nécessité de relever les défis précités parce que la prolifération est avérée et d'autre part avec la course à la maîtrise du temps réel que l'on observe désormais dans le monde de l'information pris au sens large que celle-ci intéresse le civil ou le militaire, l'officiel ou le privé, le public ou le particulier.

Ces éléments ne doivent cependant éluder en aucun cas, pour ce qui est de ce dossier, l'exigence qu'il y a d'obtenir des réponses aux questions fondamentales qui restent posées.

La nécessité du discernement

Pour remettre un peu d'ordre dans ce qui s'apparente, qu'on le veuille ou non, à pas mal de confusion, il conviendrait peut-être de re-situer les enjeux aux grands niveaux stratégiques, de constater qu'ils peuvent être divergents entre intérêts opérationnels et industriels (les intérêts étatiques se situant à la fois chez les uns et chez les autres) et de rechercher alors les meilleurs points de convergence.

Concernant les opérationnels, à la différence de ce qui a pu être observé à une époque précédente, ce ne sont plus les armes elles-mêmes qui constituent les enjeux majeurs, surtout dans le sol-air, car elles ne sont qu'une des réponses parmi les possibles. Ces enjeux, sans ignorer le besoin minimum en matière d'exécution, se situent désormais clairement dans l'exercice du commandement, avec en amont la capacité d'être informé et avec pour fonction essentielle la capacité à décider et à ordonner, facteur déterminant dans des structures multinationales où la place d'une nation est examinée avec le plus grand soin, et pas seulement en France. Le *BMC3* retiendra donc spécialement toute leur attention.

Bien que n'étant pas industriel, j'imagine que les enjeux financiers sont premiers et les équipements en nombre très limité - les PC notamment, représentent moins d'intérêt que les matériels en série en particulier s'ils sont consommables -

Ce recul étant donné et pour revenir à la réalisation d'un système de défense antimissile, il apparaît possible d'identifier les domaines de convergence opérationnelle qui donneront lieu, sinon aux meilleures expressions du besoin, du moins peut-on penser, aux plus rapides. Il s'agit bien évidemment du *BMC3* qui, outre l'accès aux enjeux stratégiques précités, permet de proposer des choix entre les trois types de réponses et est appelé à savoir prendre en compte les différentes formes de vecteurs. Dans cette catégorie peuvent être rangés les capteurs communs aux types de vecteurs à condition qu'ils soient capables de veille simultanée.

Les facteurs de divergence porteront sur tout ce qui demande un traitement spécifique, en particulier lorsque cela demande des technologies non encore éprouvées. Dans ce cadre, on dira combien il sera important de continuer à provisionner le savoir-faire à partir de plates-formes d'expérimentation plutôt que de tabler rapidement sur des mises en service de systèmes opérationnels.

Ainsi, chaque acteur, qu'il soit opérationnel, étatique ou industriel apparaît encore aujourd'hui à devoir sérier les domaines, établir des priorités en termes de planification et, surtout, étudier sans précipitation.

-b-

La défense contre les missiles balistiques sur le champ de bataille à l'heure des projets américains MDS

par

Claude LE BORGNE

Général (CR)

Auteur de La stratégie dite « à Timoléon »

Economica, 2000

Je n'ai pas l'intention d'aborder le problème sous l'angle de la technique, à laquelle je n'entends rien. Aussi bien, comme on ne saurait juger des choses qu'en s'en tenant éloigné, une voix discordante et candide dans le présent concert peut ne pas être tout à fait inutile. C'est, me semble-t-il, l'approche exclusivement technique du problème dont nous parlons qui amène beaucoup de gens, et moi en particulier, à n'y plus rien comprendre.

L'organisme que l'on appelle bizarrement le Commandement de la doctrine de l'Armée de Terre s'en est fort justement démarqué, parlant, il est vrai, de l'ensemble de la Révolution dans les Affaires Militaires : "*Le constat est celui de l'influence considérable que les Etats-Unis d'Amérique exercent aujourd'hui sur la réflexion et la conception des doctrines militaires de la plupart de nos alliés. S'y affirme une pensée doctrinale élaborée selon une logique capacitaire, développée autour d'une conviction : la possibilité et l'opportunité d'un déploiement de technologies militaires permettant de gérer, à distance, les crises et les tensions internationales. Cette conviction n'est pas la nôtre* ».

PROJETS AMERICAINS

Je ne parlerai pas des missiles de croisière, missiles ultra-précis où la technique est reine, et me limiterai aux missiles balistiques mais en étendant d'abord l'examen aux missiles intercontinentaux, ce qui me paraît justifié par le flou (« *artistique* » disait Jacques Isnard dans l'un de ses récents articles) qui entoure les projets américains de défense contre lesdits missiles. De la distinction initiale entre NMD et TMD (défense nationale ou de théâtre), on est passé à un unique MDS, système englobant sans précision géographique. Les toute récentes déclarations du Général Colin Powell (le 20 juin devant une commission du Sénat) ajoutent à la confusion.

Il est vrai qu'on ne sait plus très bien à quelle menace il s'agit de faire face, ni même si l'on s'en préoccupe. Ainsi peut-on entendre, venant de commentateurs autorisés, Français jugeant les Américains, que "*le problème n'est pas de savoir si tel projet est opportun, mais quand et comment cela va se faire*" ou bien qu'il convient de "*gagner une course dont on ne sait pas pourquoi la course a lieu*". Que des Etats inquiétants puissent accéder à la possession de missiles nucléaires est une chose ; que l'usage de ces missiles corresponde pour eux à un bénéfice attendu en est une autre. Les moyens ne prennent vie, ou sens, qu'animés par une intention. La menace est dans l'intention, non dans les moyens. Voilà, me semble-t-il, qui devrait rassurer.

Au demeurant, il y a des inquiétudes inverses, que fait naître le projet, projet devenant lui-même menace. Les Russes craignent qu'il ruine la vulnérabilité réciproque consentie et pérennisée par le Traité ABM de 1972. La France aussi, à l'entendre, craint pour la crédibilité de sa force dissuasive, ce qui signifie, si l'on comprend, que nous pourrions avoir à la faire valoir face aux Américains, ce qui est une curieuse hypothèse et qui nous renvoie au lointain "tous azimuts" du Général Ailleret. Tout le monde craint que le projet entraîne un gonflement des arsenaux existants, d'abord celui de la Chine, puis, par contagion, ceux de l'Inde et du Pakistan, voire d'autres Etats coquins. Les Européens, qui devraient être les premiers sensibles à la menace des coquins du Maghreb, du Proche et du Moyen-Orient, sont fort réticents devant l'initiative américaine et M. Bush s'efforce de les persuader qu'il y va de leur intérêt. La Corée du Sud, que l'on pourrait penser intéressée par un bouclier déployé à son profit et à celui du Japon, n'en veut pas, mais ne voit pas d'inconvénient à un bouclier national américain. Bref, comme l'on dit dans les banlieues sous forme intransitive : "ça craint", mais il se dégage du débat une impression d'irréalité qui d'ailleurs convient à ce dont il s'agit, nouvelle guerre des étoilcs.

D'où la question qui vient à l'esprit : ne sommes-nous pas (ou les Américains) victimes d'une hystérésis de la situation ancienne, celle de l'affrontement Est-Ouest, et d'un manque d'ennemi que nous ne saurions supporter ? Conscient de ce soupçon, M. Bush a pris soin, dans son discours du 1er mai dernier devant la National Defence University, à Washington, de déclarer qu'on lui faisait un mauvais procès, que son projet était en rupture totale avec la guerre froide, qu'il s'agissait essentiellement de neutraliser les trublions et que, si le Traité ABM était périmé, c'est que la guerre froide l'était aussi. Ce disant, M. Bush ne nous éclaire pas beaucoup plus. Cherchons donc par nous-mêmes quels pourraient être les mobiles du projet américain, dont on nous dit la réalisation inéluctable. J'en vois quatre.

1/ Le premier mobile serait **psychologique**. On sait que la NMD recueille la faveur quasi unanime du peuple américain. Celui-ci ne saurait tolérer que son île, originellement refuge d'Européens déçus et laboratoire du meilleur des mondes, soit menacée par de lointains hurluberlus, et si peu que ce soit. Voyons au-delà de cet énervement populaire, et avec un peu d'indulgence. Dans la fracture qui caractérise notre monde, entre ceux qui croient encore à la guerre et ceux qui n'y croient plus, les Américains s'estiment, non sans raison, les champions des seconds. En ce qui concerne leur propre sécurité, on leur propose de réaliser le rêve défensif absolu : annihiler la capacité offensive de l'autre, et de tous autres éventuels, sans s'engager soi-même dans la guerre. C'est la défensive à l'état pur, un tantinet méprisante, plus élégante pourtant que la grossière menace de la riposte nucléaire. Un observateur pessimiste, sinon méchant, verra dans la NMD une illustration supplémentaire du refus de la mort et du sacrifice : inversion totale du Traité ABM, on y revient, qui fondait la sécurité des deux adversaires sur une vulnérabilité acceptée comme réciproquement dissuasive. Quoi qu'il en soit, ce premier mobile est sans rapport, ou presque, avec la menace ; plus exactement, la réalisation du projet - grandiose - est sans commune mesure avec la réalité de la menace – faible -. Pour un peu, c'est la peur américaine entretenue qui tient lieu de menace : « *Vous avez peur ? On vous rassure* ».

2/ Deuxième mobile, qui apparaît comme le plus réaliste mais est lié intimement au premier : les **ennemis intercontinentaux de substitution**, aliments indispensables de la peur domestique. Ne nous attardons pas sur celui que constituerait la Corée du Nord, un régime aussi grotesque que le sien étant, d'évidence, sans avenir. La Chine paraît un plus sérieux adversaire potentiel. Dans son Joint Vision 2020, le Comité des Chefs d'Etat-Major la qualifie de « *Peer Competitor* », c'est-à-dire de rival de même niveau. Imaginons donc, dans un avenir certes lointain, la Chine parvenue à ce niveau. Voilà donc deux "îles", l'une américaine et l'autre chinoise, séparées par l'immensité de l'Océan Pacifique, toutes deux bourrées de missiles intercontinentaux. Qui peut imaginer une situation qui justifierait que l'une ou l'autre déclenche sur son rival un bombardement apocalyptique ? L'hypothèse est folle : il n'y a pas ici d'Europe, laquelle était, dans sa continuité territoriale avec l'Union Soviétique, le détonateur redoutable et redouté de l'affrontement militaire. Et Taiwan, dira-t-on ?

Le problème est intéressant, cas d'école pour une nouvelle application de la dialectique dissuasive qui a fait les délices de nous autres théoriciens durant de longues années. La menace nucléaire, brandie par la Chine désireuse de s'emparer de Taiwan, assurerait face aux USA sa liberté d'action, d'où l'intérêt pour les USA de la leur dénier par un bouclier *ad hoc*. C'est exactement ce qu'affirmait Laurent Murawiec dans l'entretien qu'il a donné au journal Le Monde le 12 juin. "*Laissez-moi agir à Taiwan, dirait le Chinois, où je tire !*". Mais l'argument chinois se retourne aussitôt : "*Votre menace, répond l'Américain, ne vaut rien. Vous savez bien que si vous tiriez, vous m'obligeriez à tirer en retour. Vous ne tirerez donc pas, quoi qu'il arrive*". D'où résulte qu'un éventuel bouclier antimissile américain protègerait sans doute Taiwan des attaques missilières de la Chine (ce qui est d'un médiocre intérêt face à une menace nullement décisive), mais ne changerait rien à l'équilibre Chine-USA, assuré par la dissuasion nucléaire générale. Ou alors il nous faudrait, pour contester cet équilibre, comparer, de façon indiscrète, les vulnérabilités respectives, face à la menace nucléaire, du peuple chinois et du peuple américain. Ajoutons enfin que le temps qui continue à courir remet ces perspectives à leur juste place : avant que la Chine ne constitue une vraie menace pour les Etats-Unis, il y a fort à parier que le problème de Taiwan sera réglé, d'une façon ou d'une autre.

3/ Troisième mobile : **le projet**, comme les techniques de sa mise en oeuvre, s'inscrit parfaitement dans la doctrine américaine dite de "***contrôle stratégique***", maîtrise de l'espace dont la guerre du Golfe, les opérations de Bosnie et celles du Kosovo ont fourni trois modèles, de plus en plus perfectionnés. Cet argument-là est intéressant, mais « gonflé ». On pourrait en effet considérer que les efforts faits pour réaliser un bouclier antimissile seraient mieux employés, directement appliqués au contrôle stratégique d'ensemble.

4/ Reste un quatrième mobile, et sans doute le bon : **offrir aux chercheurs, techniciens, industriels américains un champ d'action favorable à leur prospérité**. C'était déjà, à ce qu'il semble, l'une des visées de l'IDS, l'élan donné à la recherche-développement aux Etats-Unis mettant l'URSS dans l'impossibilité de le suivre. Aujourd'hui, de la même façon ou à l'inverse, on voit les Européens s'inquiéter du décalage qui pourrait résulter pour eux du projet américain. D'où leur désir d'y participer, fût-ce en « ronchonnant », et la proposition de M. Bush de les y associer, et même les Russes.

MISSILES BALISTIQUES NON STRATEGIQUES

Sortons de ces complications en en venant enfin à ce qui est le vrai sujet de ce colloque, la menace éventuelle des Etats coquins et de leurs missiles "non intercontinentaux". Comme on l'a dit, voilà qui devrait nous intéresser davantage, nous Français et Européens, et tel est le cas en effet.

Eliminons, pour simplifier, les considérations économico-scientifiques qui pourraient conforter les partisans d'un effort ABM. Eliminons encore la menace sur notre propre territoire, nous qui ne cherchons, nationalement, noise à personne. Eliminons enfin la menace, où que ce soit, de missiles nucléaires ou ADM, peu crédible, sans cause et donc sans effet, et à laquelle, au demeurant, la dissuasion à laquelle nous sommes habitués paraît convenir. Et limitons-nous à la menace que feraient peser des missiles balistiques à charge classique, dans une zone où nous serions engagés en intervention extérieure. C'est à cette menace-là, je crois, que se réfèrent nos Etats-Majors, et à une intervention dans un cadre multinational. Il nous faut alors distinguer entre protection de notre corps expéditionnaire et de ses bases, et protection éventuelle du pays au profit duquel nous intervenons.

Une réflexion sur la nature du missile trouve ici sa place. Le missile a deux qualités contradictoires : l'une est sa précision, propre essentiellement au missile de croisière ; l'autre lui est antérieure, c'est sa capacité terrorisante. Qualités contradictoires en effet : ou bien le missile est précis ou bien il terrorise. C'est de la seconde catégorie que nous parlons et que représente assez bien le missile *SCUD*, médiocre et peu précis. De l'emploi de ces missiles nous avons trois exemples. Le premier est une sorte de langage, utilisé par le Colonel Kaddafi en direction de Lampedusa en 1986, langage bien faible, vagissement de nouveau-né. Le deuxième est plus significatif : c'est, au début de 1988, l'échange de quelque 200 missiles entre l'Irak et l'Iran, peu de temps avant la fin de leur longue guerre. Le troisième exemple est présent dans toutes les mémoires : les *SCUD* irakiens dans la guerre du Golfe.

Sans doute le prestige de ces missiles-là, et donc leur potentiel de terreur, est-il lié à leur association initiale, au temps de l'Union Soviétique, avec l'arme nucléaire, argument toujours sous-jacent au discours américain. Mais, même en charge classique, la terreur demeure, dont il n'est pas faux de dire que l'imprécision même de l'arme la renforce. La ville est son objectif préférentiel, dans laquelle le point de chute et d'explosion est aléatoire : 900 mètres d'écart circulaire probable, par exemple, pour un *SCUD* à 300 km de portée. Si, dans la guerre du Golfe, quelques missiles sont tombés sur Dhahran, Riyad et Hafar el-Batin, c'est sur Israël que l'effet spécifique est recherché. Alors que, dans la "guerre des villes", baptême opportun de l'échange Irak-Iran, la terreur avait eu peu d'effet sur Bagdad ou Téhéran, elle en eut beaucoup sur Tel-Aviv. D'où l'on pourrait tirer, à nouveau, d'intéressantes conclusions sur la vulnérabilité respective des pauvres et des riches. Tel-Aviv, donc, fut terrorisée au point qu'il a fallu que les Américains déploient beaucoup d'efforts pour empêcher les Israéliens de riposter, alliés encombrants dont la coalition ne voulait pas. Mais aussi effet psychologique inverse sur les Arabes, enthousiasmés de voir le saïm Saddam Hussein frapper directement l'ennemi israélien, à la barbe des Américains. La renommée du *SCUD* devint énorme. Le baptême islamique des modèles dérivés du missile de base (Hussein, Abbas ou Badr) y contribuait. On dressait le *SCUD* en effigie à Amman, on le vendait en colifichet et on s'exclamait "*Quel Scud !*" pour vanter un vrai Jules, alors qu'on eut mieux fait de dire : "*Bête comme un Scud !*".

Revenons à nos perspectives d'avenir. Dans l'optique du missile terrorisant, il importe, répétons-le, de séparer la menace qui s'exercerait sur un pays que l'on veut protéger et celle qui viserait nos forces d'intervention. Le potentiel de terreur que recèle le missile ne vaut guère pour un corps expéditionnaire dont le moral, renforcé par la dispersion, est peu vulnérable ou devrait l'être. Il vaudrait plus pour le pays secouru menacé en ses villes, encore que, là aussi, la réalité de la menace envisagée ne soit pas évidente.

Contrer cette menace, visant soit un pays ami soit un corps expéditionnaire, justifie-t-il que la France, dont l'Armée de Terre, pour ne citer qu'elle, s'enfonce dans la misère, y consacre les efforts qu'au demeurant rendrait peu utile la participation américaine, très vraisemblable ? Si on met de l'argent là-dedans, on ne le met pas ailleurs. Sans doute y a-t-il des moyens termes à trouver, dans un domaine qui se situe à la limite du contre-avions et du contre-missiles ; des coopérations européennes à poursuivre ; l'abandon à de plus riches alliés des systèmes spatiaux capables de déceler les départs de missiles et d'en prévoir la trajectoire. Mais, entre le souhaitable et le possible, je me garderai de trancher, laissant ce soin redoutable à de plus compétents. J'en ai déjà trop dit, ce dont je vous demande de bien vouloir m'excuser.

-c-

Définition d'un système de protection antimissile pour les forces déployées sur un théâtre d'opérations extérieures

par
Michel FOUDRIAT
Colonel
Officier de **C**ohérence **O**pérationnelle
Collège des **OCO**
(**EMA**)

Préambule

Dans le cadre de cette journée d'études consacrée à la « *guerre des missiles* », je vous propose de poursuivre la réflexion en cours en parcourant ensemble la problématique de la définition d'un système de protection antimissiles pour les forces déployées sur un théâtre d'opérations extérieur. Partant du schéma (en pièce jointe), je vais traiter la partie haute (ici en jaune) sans m'étendre sur la partie technique de l'architecture du système et les moyens (d'ailleurs non encore définis qui sont ou qui ont été l'objet d'autres interventions de ce colloque).

Donc, intéressons-nous aux besoins opérationnels par rapport à la menace et aux risques, aux missions, contrat opérationnel et scénarii d'emploi de nos forces, pour en déterminer les questions qui se posent, ce que j'appellerai les **« lignes rouges »** - en essayant de vous éviter un jargon trop technique afin de bien mettre en perspective la problématique -.

Le besoin

- **Menace - risques**

Pour simplifier, je dirai que le risque est une capacité potentielle détenue par un protagoniste ou un adversaire éventuel. Une menace est une capacité, doublée d'une volonté plus ou moins affichée. Partant de ce périmètre, on arrive aisément à une **vulnérabilité** possible pour nos forces et donc à un besoin **d'une capacité de protection/sauvegarde**. Pour résumer ce point, la menace et les risques à ce jour n'étant pas définis avec certitude, comme on a pu le faire antérieurement dans un autre contexte géostratégique, il est préférable à mon sens, d'évoquer **les enjeux** auxquels seront confrontées nos forces dans les engagements futurs. Ils reposent en particulier sur la prolifération des armes et des vecteurs, et **sur les asymétries probables quant à leur emploi.**

- **Missions et contrat opérationnel**

Si l'on exclut la situation de guerre type scénario 6 du Livre Blanc ou celle de l'article V de l'OTAN, et pour lesquelles la problématique n'est plus la même, on peut en revanche considérer que **les missions « type Petersberg »** sont pertinentes pour un système de protection antimissiles. Elles ont d'ailleurs été retenues pour le catalogue de capacités de la force européenne. Il s'agit de la séparation des parties en présence par la force, d'actions préventives, d'évacuation de ressortissants ou d'actions humanitaires. Nous sommes clairement dans une gestion de crise.

3 cas peuvent se présenter :

- une force multinationale avec l'OTAN,
- une coalition de l'UE ou *ad hoc*,
- un cadre strictement national.

J'insisterai simplement sur le fait que le concept d'emploi des forces s'appuie sur la capacité d'engager à distance pour la composante conventionnelle de nos armées des moyens importants à partir du théâtre national (projection de forces). Cela suppose donc en particulier, de disposer des capacités qui exigent **le maintien de la liberté d'action et la sauvegarde de nos unités**. La capacité de protection antimissiles participe à ces exigences opérationnelles (liberté d'action – économie des moyens : principes de la guerre). Enfin, je citerai également la complémentarité et le rôle majeur d'une composante marine pour une opération d'envergure (faible vulnérabilité – grande efficacité).

Pour la définition d'un système de protection antimissiles pour les forces déployées sur un théâtre d'opérations extérieur, nous avons retenu 3 scénarii génériques déclinés des considérations évoquées plus haut :

- la gestion d'une crise entre 2 états d'un même ensemble régional, **avec une opération humanitaire** de grande ampleur au sein d'une force multinationale avec l'OTAN,

- la gestion d'une crise entre plusieurs états d'un ensemble régional, **avec séparation des parties par la force** (avec l'utilisation de la composition marine) au sein d'une coalition multinationale *ad hoc*, constituée d'états ayant pour certains une capacité antimissiles (interopérabilité), et d'autres aucune capacité,
- la gestion d'une crise entre 2 acteurs régionaux, avec **la protection voire l'évacuation de ressortissants** dans un cadre national.

Partant de ces considérations il s'agit de penser et de créer **l'architecture du système** (voir schéma d'architecture type qui n'est qu'un exemple) qui doit reposer au moins sur 3 piliers qui sont, l'alerte avancée (Early Warning), la gestion des données et l'intégration de tous les moyens de commandement, contrôle, de communications et d 'informations (**BMC3I** = **B**attle **M**anagement, **C**ommand, **C**ontrol, **C**ommunications and **I**ntelligence), et l'interception avec un système d'armes. Sans rentrer dans l'architecture complexe de ce système, qui s 'appuie en grande partie sur l'interopérabilité, l'automaticité, et qui s'apparente à une course contre la montre (je rappelle que pour un missile balistique de type *SCUD* C de 600 km de portée, la phase propulsée est de 72 secondes, le temps de vol 15mn, la vitesse de la tête à l'arrivée 1.500m/s), je vous propose de voir maintenant ce que j'appellerai **les lignes rouges ou les questions et recommandations qui** peuvent être évoquées à ce jour.

<u>Les lignes rouges</u>

Je retiendrai 3 catégories à ce stade de la réflexion, pour la définition d'un système de protection antimissiles pour les forces déployées sur un théâtre d'opérations extérieur. Elles pourraient servir à définir l'architecture du système en donnant une véritable grille d'évaluation. Dans l'ordre, je ferai des recommandations, évoquerai ensuite les interrogations qui subsistent encore, et formulerai enfin les lignes rouges, sortes de barrières incontournables à ne pas perdre de vue.

1- **Les recommandations** sont liées d'une part, aux phases de l'engagement des forces (avant la crise, pendant la planification, l'engagement lui-même et lors du retrait des forces), et d'autre part au découpage selon les 3 piliers du système (l'alerte et la surveillance, la gestion des données et les moyens C3I, l'interception avec le système d'arme proprement dit).

- Selon les phases de l'engagement, elles portent sur l'importance du **renseignement** pour l'évaluation fine de la menace, sur la préparation des **forces** par la formation et l'entraînement s'appuyant en partie sur la simulation, sur l'indispensable **interopérabilité** des moyens, **sur les choix préliminaires à faire** pour la répartition des responsabilités dans une coalition, sur la définition de l'architecture, sur l'élaboration des règles d'engagement, sur la place des décideurs, sur les sites à protéger.
- Selon le découpage système.

Les recommandations portent pour l'alerte et la surveillance, sur la nécessaire **permanence,** sur la **complémentarité** et le couplage indispensable de tous les moyens disponibles nationaux et alliés (drones, radars, composante navale et spatiale, système US), pour le BMC3I sur la capacité **d'intégration** et de **fusionnement** de l'ensemble des données et l'utilisation des moyens nationaux **SCCOA** (Système de Commandement et Conduite des Opérations Aériennes) avec l'**ACCS** (Air Command and Control System) de l'OTAN, pour le système d'armes sur la complémentarité des composantes Terre, Air, Mer et alliés (MEADS). Il est à noter enfin, que ces recommandations incluent les points fondamentaux et récurrents qui sont **la place de l'homme** dans l'architecture des systèmes et la recherche de **la coopération** en particulier pour le partage des coûts.

2- **Les interrogations** peuvent se répartir selon au moins trois approches stratégico-politique, opérationnelle et technologique qui sont cependant extrêmement liées entre elles selon la priorité accordée. L'exemple de la protection éventuelle des populations du pays hôte ou des réfugiés dans le cadre des accords de défense, est à ce titre significatif. Car selon l'option ou les priorités fixées, je citerai quelques questions qui peuvent se poser : efficacité réelle des systèmes ? Létalité de l'interception et retombées éventuelles ? Choix des sites à protéger ?.

L'exemple d'un scénario en coalition, selon la mission fixée aux forces, soulève d'autres questions : taux d'échec du système de protection admissible (risque militaire, risque politique) ? Couverture de la coalition, choix des sites protégés, de l'architecture centralisée, autonome ou décentralisée, complémentarité des composantes avec celle de la marine en particulier ? Partage du renseignement et évaluation de la menace ?

Enfin, les expériences passées depuis la guerre du Golfe jusqu'aux derniers essais américains, montrent bien les difficultés technologiques pour l'efficacité réelle d'un tel système. Il se pose alors des questions liées à l'évolution des moyens de défense active par rapport à l'évolution de la menace (le combat éternel entre le glaive et le bouclier), aux intérêts industriels et financiers en jeu. Sans vouloir établir la liste exhaustive de ces interrogations, il apparaît clairement qu'à ce jour, elles sont encore nombreuses et lourdes de conséquences, il convient donc de ne pas les négliger.

3- **Les lignes rouges** sont directement déduites des recommandations et interrogations précédentes. Elles constituent le cadre actuel de référence pour les réflexions, études et développements à mener afin de réaliser une capacité de protection antimissiles.

- Rester dans le périmètre fixé qui est de se doter d'une capacité de protection antimissiles pour les forces déployées sur un théâtre d'opérations extérieur.
- Développer et privilégier les moyens déjà en cours de réalisation ou en développement, en particulier ceux dans le cadre des programmes européens au sein de l'OCCAR (FSAF – SAMP/T par exemple).
- Rechercher impérativement l'interopérabilité des capteurs, des systèmes C3I et d'armes.
- Etre aux rendez-vous capacitaires pour l'Europe et l'OTAN.
- Réaliser une analyse commune de la menace fusionnée par la **DRM** (**D**irection du **R**enseignement **M**ilitaire).
- Veiller au respect des calendriers et des coûts prévus pour le développement des systèmes.

Enfin et conformément à la politique de défense de la France, préserver l'autonomie de l'appréciation de situation et de décision.

Voilà donc à ce stade de notre réflexion, les différents points qui concernent la problématique pour la définition d'un tel système.

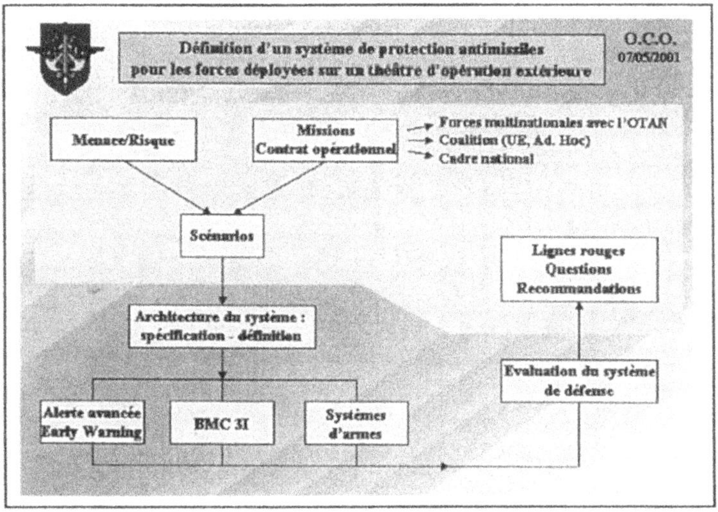
O.C.O.
07/05/2001
Définition d'un système de protection antimissiles
pour les forces déployées sur un théâtre d'opération extérieure
Menace/Risque
Missions
Contrat opérationnel
Forces multinationales avec l'OTAN
Coalition (UE, Ad. Hoc)
Cadre national
Scénarios
Lignes rouges
Questions
Recommandations
Architecture du système :
spécification - définition
Evaluation du système
de défense
Alerte avancée
Early Warning
BMC 3I
Systèmes
d'armes

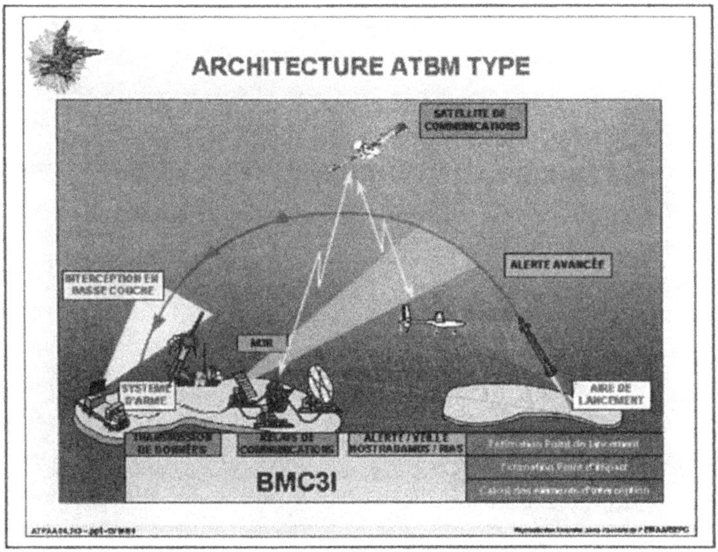
ARCHITECTURE ATBM TYPE
SATELLITE DE
COMMUNICATIONS
ALERTE AVANCÉE
INTERCEPTION EN
BASSE COUCHE
SYSTEME
D'ARME
AIRE DE
LANCEMENT
RELAIS DE
COMMUNICATIONS
BMC3I

-d-

Besoins détection précoce. Discrimination.
Systèmes d'armes et architecture

par

Pierre LAFOURCADE
Directeur de la Stratégie
THALES Air Défense

1. Les missiles et la guerre des missiles

Dans la guerre des missiles, il existe une différence fondamentale entre l'assaillant qui prend l'initiative et qui dispose de plusieurs dizaines de minutes, voire de plusieurs heures pour effectuer son intervention et le défenseur qui doit réagir à l'agression en quelques dizaines de secondes.

Pour concevoir un système de défense A.T.B.M., il est indispensable de disposer de :

⇒ systèmes d'alerte,

⇒ systèmes de trajectographie et de discrimination,

⇒ BMC3,

⇒ systèmes d'armes.

Les trois premiers points sont bien évidemment du domaine de l'électronique. Pour ce qui concerne le quatrième, la conduite de tir et l'autodirecteur du missile sont également du même domaine.

Aussi, les systèmes A.T.B.M. sont-ils d'un intérêt primordial pour un groupe d'électronique de défense comme THALES.

2. La première génération de systèmes ATBM de théâtre Le SAMP-T – bloc 1

La France et l'Italie ont lancé en commun une extension ATBM du programme SAMP-T (conduite de tir ARABEL/missile ASTER 30) : le SAMP-T bloc1 qui disposera d'une capacité ATBM face à des missiles de 600 km de portée.

Ces missiles constituent la menace prédominante que pourraient exercer la plupart des pays proliférants actuels.

La commande franco-italienne pour la série (phase 3) est programmée pour 2002.

Pour ce qui concerne l'alerte et le BMC3 nécessaire, le système n'est pas encore défini. Les études actuelles (simulation) portent sur l'utilisation du radar MASTER comme radar d'alerte [sa portée de détection de 250km conduit à un temps d'alerte de l'ordre de 120s pour des missiles de 600km de portée et donc de vitesse de 2.000m/s environ].

Le temps d'alerte (120s) qu'il donne paraît suffisant dès lors qu'il existe un BMC3 direct entre le radar d'alerte et la batterie.

3. Les systèmes ATBM de seconde génération

Pour contrer la menace de missiles ATBM de portée jusqu'à 2000 km (c'est-à-dire avec une vitesse de l'ordre de 3000 m/s), il est indispensable de disposer :

- d'un radar d'alerte de portée accrue (300 à 500 km) qui permette des temps d'alerte de 100 à 120 s,
- d'une conduite de tir et d'un missile capable d'intercepter plus loin la cible menaçante,
- du BMC3

Le radar M3R (à développer) devrait permettre de répondre aux besoins de portée de détection accrue (300 à 500 km) et aux besoins de discrimination des cibles non coopératives [présence dans un cortège des cibles menaçantes, des leurres, des débris, ...) (hyper solution).

Pour le système d'armes deux axes majeurs d'évolution :

- le radar du système d'armes doit permettre une acquisition au moins égale à 100 km,
- le missile doit être capable d'une portée et d'une vitesse supérieure à celle de l'ASTER actuel et d'être équipé d'un autodirecteur capable d'accrocher la cible plus loin et mieux et d'une charge militaire adaptée.

Le BMC3 doit être quant à lui capable de transmettre aux systèmes d'armes dans des conditions robustes et rapides les informations complexes d'alerte, de trajectographie et de discrimination des cibles.

4. Le BMC3

Le BMC3 doit remplir 2 conditions :

- Il doit être considéré comme une « extension BMC3 » de notre ACCS LOC1 car il est indispensable que l'alerte ATBM soit nourrie par les informations du réseau ACCS.
- Il doit être capable d'autonomie avec une liaison alerte/système d'armes directe, rapide et robuste. A cet égard, l'expérience Peace Shield de la partie US de T.R.S. constitue un avantage pour la conception des BMC3 ATBM.

C'est dans ces conditions que pourra être trouvée la solution à l'alternative autonomie/interopérabilité.

5. E.A.D.

De façon plus générale, les menaces des pays proliférants ne se limitent pas aux T.B.M. En particulier, les missiles de croisières et les drones d'attaque sont tout aussi menaçants et leur emploi pourrait d'ailleurs être synchronisé avec celui des T.B.M.

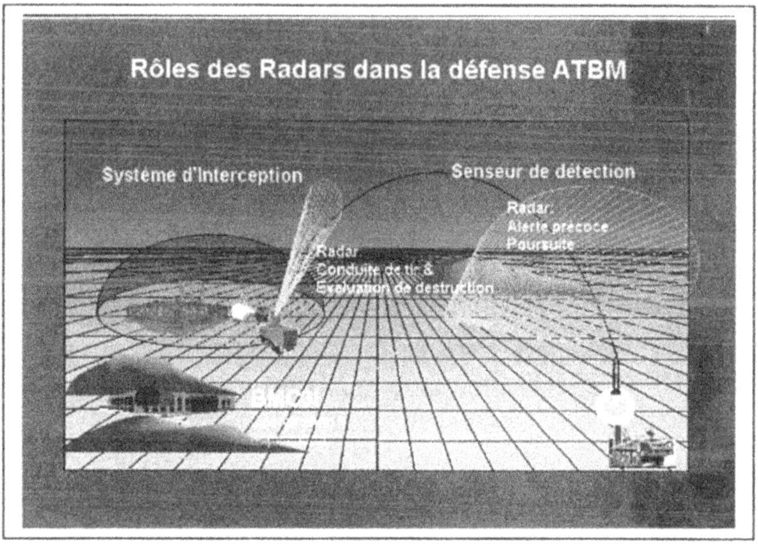
Rôles des Radars dans la défense ATBM
Système d'Interception
Senseur de détection
Radar:
Alerte précoce
Poursuite
Radar
Conduite de tir &
Evaluation de destruction

Fréquences Moyennes(L,S) Applications ATBM
Alerte Précoce & Evaluation de la Menace
Defense Aérienne
Radar de surveillance 3D
Detection : Pistage des TBM
à basse altitude
Defense Aérienne Elargie
Radars Multi-fonctions (mobile)
Alerte Précoce
Conduite de Tir

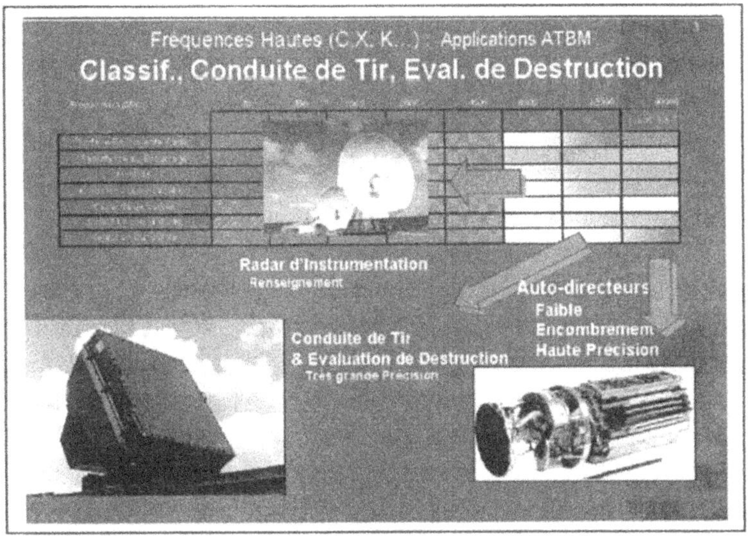
Fréquences Hautes (C,X, K...) : Applications ATBM
Classif., Conduite de Tir, Eval. de Destruction
Radar d'Instrumentation
Renseignement
Auto-directeurs
Faible
Encombremem
Haute Précision
Conduite de Tir
& Evaluation de Destruction
Très grande Précision

-e-

ASTER : l'antimissile européen

par
Claude TRIBOUT
Chargé de la Stratégie Produit Aster et des Partenariats,
Direction des Programmes Surface-Air
EADS, Aérospatiale Matra Missiles

Synopsis

Enrayer le monopole détenu en Europe occidentale par les Etats-Unis sur le marché de la défense anti-aérienne de moyenne portée, tant terrestre (Hawk, Patriot, Nike) que naval (Sea sparrow, famille des missiles Tartar/Standard), disposer au début de ce siècle de systèmes d'armes compatibles avec l'évolution de la menace, le nouveau format et les nouvelles missions des forces armées, telle était l'ambition de la France en notifiant, dès 1987, le développement des systèmes de missiles ASTER, première famille européenne de missiles antimissile par conception. Partageant l'analyse française, l'Italie ratifia, en pleine période de bouleversement stratégique (1989-1990), l'accord de coopération qui l'allie désormais à la France pour développer la Famille *des* Sol-Air F*uturs (*FSAF).

Déjà le monopole US s'étiole, trois autres nations, dont l'Angleterre, ayant décidé d'acquérir des systèmes qui mettront en œuvre ASTER. Le premier système sera mis en service par la France, la livraison des missiles au bénéfice du Porte-Avions Charles de Gaulle devant débuter avant la fin de cette année.

Caractérisé par son mode de pilotage innovateur (brevet Aerospatiale), des technologies de pointe et une capacité à opérer avec tous les radars de nouvelle génération, ASTER assure une très grande précision de frappe, y compris dans un créneau de tir des plus étroits. La crédibilité de ses performances n'est plus à démontrer. Dès 1997, ASTER interceptait, par impact direct, une cible anti-navire EXOCET MM 38 opérationnelle. Son efficacité s'affirme d'essais en essais avec une accumulation de destruction de cibles manoeuvrantes variées, répondant ainsi largement à la capacité « Hit-To-Kill » dont les Etats-Unis prétendent être les seuls à posséder la technologie. Sa conception modulaire lui confère par ailleurs le potentiel de croissance

nécessaire pour rester concurrentiel malgré une évolution de la menace proliférante et des besoins opérationnels des plus exigeants. Elle constitue aussi un atout significatif pour élargir la coopération industrielle existante à d'autres partenaires.

Après le défi technique, ASTER s'apprête à gagner la bataille commerciale. Huit forces armées de cinq nations exerçant un rôle majeur dans un contexte géopolitique complexe lui ont donné la préférence sur ses concurrents américains. Si cette bataille n'est pas encore gagnée, elle est bien engagée !

Les nouveaux besoins des forces armées

Conçus pour la plupart dans les années soixante, les systèmes de défense dans les basses couches de l'atmosphère Sol/Surface-Air encore en service tendent à devenir obsolescents. De plus, initialement destinés à la lutte contre les aéronefs et les raids massifs de type « guerre froide » qui régnait à l'époque, ou contre les missiles anti-navires de première génération, ces systèmes ne pourront, même améliorés, faire face avec toute l'efficacité requise à une menace qui s'est diversifiée. En effet, celle-ci est de plus en plus le fait de missiles performants à différents titres : missiles de croisière furtifs, se démasquant tardivement ou capables de fortes manœuvres de pénétration, missiles balistiques tactiques susceptibles de mettre en oeuvre des charges de destruction massive et dont la vitesse de pénétration est de deux à trois fois supérieure à celle des cibles conventionnelles, missiles anti-radars à trajectoire plongeante, missiles anti-navires à vol rasant, eux aussi furtifs et/ou très manœuvrants, tous capables d'attaques groupées et coordonnées pour saturer les défenses.

A l'obsolescence des systèmes en service s'ajoute une autre raison justifiant leur remplacement : la révision du format et des missions des forces armées, notamment en

France, à l'issue du bouleversement stratégique mondial des années 1989/1990 (chute du mur de Berlin, guerre du Golfe). La gestion de crises sur théâtres extérieurs devenait prioritaire sur celle de conflits majeurs sur le territoire national. Face à la menace élargie, les forces projetées Sol/Surface-Air doivent protéger en premier lieu les points d'arrivée : forces navales et de débarquement, « têtes de pont », installations portuaires, aérodromes et bases aériennes, en attendant que la force internationale acquière la supériorité aérienne et, en second lieu, la protection permanente de ces mêmes forces contre la menace proliférante (missiles balistiques tactiques et missiles de croisière). Ces crises appellent donc des actions décisives contre la défense aérienne locale, mais également contre les centres de gravité ennemis dans la profondeur opérative.

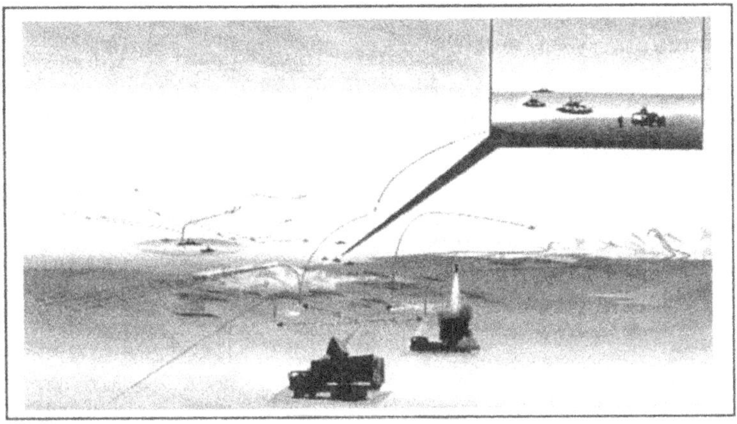

Projection des forces « Moyenne portée » sur théâtre extérieur

L'évolution technologique de la menace, une nouvelle doctrine d'emploi des forces résultant du bouleversement stratégique de cette dernière décennie, une volonté délibérée de disposer de moyens garantissant une indépendance d'action européenne, autant de causes qui légitimisent pleinement l'acquisition de moyens de défense modernes, efficaces contre un large spectre de cibles et en adéquation avec la gestion de crises sur théâtres éloignés de l'hexagone.

ASTER : un programme structurant pour l'industrie de défense européenne

L'analyse opérationnelle et technique menée dans les années 80, confortée par les études de l'OTAN, a conduit la France à lancer, dès 1987, le développement de missiles conçus à l'origine comme une arme anti-missile (ASTER) pour des systèmes naval et terrestre de défense anti-aérienne (**F**amille des **S**ol-**A**ir **F**uturs - **FSAF**). Du fait de la communalité des besoins opérationnels avec la Marine et l'Armée de Terre italiennes, l'Italie ralliait le programme FSAF dès 1990.

Mais ASTER, tronc commun des systèmes FSAF, nourrissait déjà d'autres appétences à cette date. Sa technologie, ses performances escomptées et largement analysées dans le cadre du programme LAMS (**L**ocal **A**rea **M**issile **S**ystem), mené conjointement avec la Grande Bretagne, ont convaincu outre Manche. Ainsi, après la France et l'Italie, le Royaume Uni confirmait l'adoption d'ASTER en août 1999 comme vecteur des systèmes **PAAMS** ('**P**rincipal **A**nti-**A**ir **M**issile **S**ystem') destinés à équiper les frégates de lutte anti-aérienne de nouvelle génération. ASTER sera donc le « bouclier anti-missile » des trois marines principales en Europe, marquant sérieusement de son empreinte un marché jusqu'ici sous l'emprise américaine.

L'organisation industrielle actuelle résulte d'une coopération européenne volontariste édictée, dès le début du programme, tant par les Administrations que par les industriels français et italiens. Nos nouveaux partenaires anglais ont à forger leur place, tant au sein du complément de développement généré par le PAAMS que pour la réalisation des munitions de série. La modularité du concept

ASTER facilite les négociations pour le partage des responsabilités et des travaux. Les équipements sont indépendants, le dialogue entre eux est assuré par une liaison totalement numérisée, leur mise en oeuvre est pilotée par un calculateur central de toute dernière génération. Un concept d'accueil pour tout industriel compétitif disposant de technologies de pointe et susceptible d'accroître le potentiel de croissance effectif de ce missile. Une modularité qui est aussi l'élément clé d'une mise en compétition et d'un coût de possession parmi les moins élevés.

Aerospatiale Matra Missiles bénéficie de plus de vingt ans d'expérience dans le pilotage de programmes de missiles internationaux et des systèmes qui y sont associés. Consciente par ailleurs qu'ASTER répond aux besoins de plusieurs autres marines, armées de terre et de l'air européennes, elle n'aura de cesse de souligner que l'arme anti-missile dont elle assure la maîtrise d'œuvre représente un atout aujourd'hui pérenne qui ne peut que favoriser la restructuration européenne de la défense.

Un concept technologique innovateur : un savoir-faire français

ASTER fédère une vingtaine de brevets et de concepts technologiques Aerospatiale des plus performants. Le plus ancien (avril 1981), mais aussi celui qui est indissociable du nom donné à l'arme, concerne son mode de pilotage, communément appelé « mode de pilotage mixte 'PIF-PAF' »[1].

Précisons en premier lieu qu'aucun des modes de pilotage de missiles tactiques existant dans les années quatre vingt ne répondait pleinement aux nouvelles exigences de lutte contre la menace missile proliférante, *a fortiori* celle anticipée pour le début de ce siècle : domaine d'action élargi (aux basses et hautes altitudes), créneau de tir des plus réduits lorsqu'il

[1] **PIF : PI**lotage en **F**orce ; **PAF : P**ilotage **A**érodynamique **F**ort

s'agit de contrer des cibles se démasquant tardivement ou évoluant à des vitesses excédant Mach 5, capacité de manœuvres de pénétration caractérisées par de fortes accélérations et des périodes relativement courtes. Il fallait donc innover..., sans contrevenir aux principes fondamentaux de la physique !

L'objectif ? Disposer, en tout point du domaine d'interception du véhicule terminal, du maximum de manœuvrabilité effective dès la commande de pilotage, donc avec un temps de réponse de l'intercepteur (agilité) minimal. Un missile manœuvrant est d'autant plus agile que sa prise d'incidence pour générer cette manœuvrabilité est faible. Cette agilité sera donc maximale si la force génératrice est appliquée à son centre de gravité. Par ailleurs, la manœuvrabilité effective de l'intercepteur sera d'autant plus élevée que la masse de ce dernier sera faible. Conséquence immédiate : il doit y avoir dichotomie entre le domaine d'action de l'arme (dépendant des performances propulsives) et l'efficacité de celle-ci dans son domaine d'action (dépendant des capacités du mécanisme létal qui inclus les performances de ralliement sur la cible, donc de pilotage et de guidage).

Un pilotage mixte : le concept « PIF-PAF »

Ainsi, ASTER associe, à un pilotage aérodynamique puissant (« PAF »), un pilotage pyrotechnique en force (« PIF ») par action de jets de gaz latéraux au centre de gravité de l'intercepteur. Le « PIF » apporte une manœuvrabilité additionnelle, principalement en altitude où la pression dynamique est faible, mais réduit surtout le temps de réponse de l'arme puisqu'il agit en « vernier » par rapport au pilotage aérodynamique, et au centre de gravité du mobile. De plus, la limitation de la prise d'incidence améliore la qualité de l'autoguidage. A domaine d'action identique, ce mode de pilotage confère donc à ASTER une manœuvrabilité et une agilité inégalées, le rendant efficace pour rallier sa cible, plus particulièrement dans une fenêtre de tir des plus réduites.

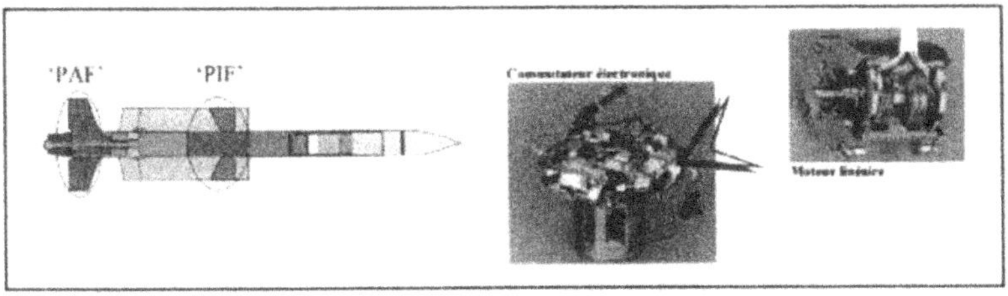

Le commutateur qui gère le « PIF » est une merveille de savoir-faire. Il fait appel à toutes les disciplines : électronique, mécanique, micro-mécanique, aérodynamique, thermodynamique... Deux couples d'obturateurs placés dans les convergents des tuyères modulent le débit des gaz proportionnellement à la commande. Ils sont asservis en position au moyen de pistons alimentés par moins de 1% des gaz chauds générés par le bloc de propergol du système. Le contrôle de la pression s'exerçant sur les pistons est réalisé par un micro moteur électrique linéaire (brevet Aerospatiale) qui gère le flux de gaz. Le déplacement de l'axe du moteur n'excède pas 0,7mm et génère une force pouvant atteindre 20 kg !

Nous citerons quelques exemples de prouesses technologiques :

- la tenue thermomécanique des obturateurs, des tuyères (implantées dans les nageoires du missile) et de la structure,
- la précision des usinages pour assurer un fonctionnement satisfaisant dans un environnement thermomécanique hors normes,
- la réduction des frictions,
- la réalisation d'un micro moteur électrique.

ASTER demeure le seul missile à pilotage mixte « PIF-PAF ». L'un de ses principaux concurrents, le PATRIOT ERINT/PAC 3, met également en oeuvre un pilotage pyrotechnique (« **DACS** »: **D**ivert **A**ttitude **C**ontrol **S**ystem) et un pilotage aérodynamique. Ce concept, plus performant qu'un simple pilotage aérodynamique (Type PATRIOT PAC 2 testé contre les SCUD en 1991), ne peut pas toutefois rivaliser avec le concept « PIF-PAF » en termes d'efficacité dans le domaine d'action du véhicule intercepteur. En effet, le « DACS » est situé en avant du centre de gravité du missile puisque intégré dans une cellule mono-étage dont les deux tiers du volume sont occupés par le système propulsif. Il accélère la prise d'incidence de l'intercepteur, donc augmente son agilité. Toutefois, le fait même de ne pas compenser en partie la prise d'incidence, le temps de réponse pour générer la manœuvrabilité commandée est inévitablement plus élevé que dans le cas d'ASTER, à niveau de manœuvre identique. Il le sera d'autant plus que l'altitude à laquelle la manœuvre est souhaitée est élevée, la pression dynamique décroissant.

Une capacité courte portée pour l'autodéfense

Une autre particularité de la famille ASTER !

Une mission d'autodéfense, principalement contre des cibles furtives ou se démasquant tardivement, requiert de pouvoir assurer des interceptions à courte portée. Pour ce faire, les étages d'accélération sont équipés d'un couple de tuyères flexibles qui assure le pilotage du vecteur en roulis, lacet et tangage, et le formage de trajectoire dès l'instant où l'extrémité arrière du missile quitte la partie supérieure de son conteneur. Une « retombée » directe des technologies utilisées sur le lanceur ARIANE, avec, toutefois, la mise au point de nouvelles protections thermiques et du séquencement de mise en oeuvre.

D'autres technologies compétitives et une anticipation sur l'évolution des besoins.

Les spécifications techniques et opérationnelles dévolues à ASTER d'une part, l'évolution des technologies et des besoins d'autre part, et, enfin, un objectif de coût de possession aussi bas que possible ne pouvaient qu'induire d'autres innovations ou prouesses technologiques. Celles-ci sont moins souvent mises en exergue, et c'est dommageable. Les quelques exemples qui suivent peuvent contribuer à donner un éclairage plus complet sur le spectre couvert.

. Application du procédé **S.I.Co.M.** (brevet Aerospatiale : **S**ubstrat **I**nterconnexion **Co**mposant **M**ixte) pour la réalisation de cartes électroniques flexibles/rigides de 22 couches avec impédance adaptée pour répondre aux exigences de performances, de compacité et de réduction des coûts.

. Développement d'une machine de formage/soudage de métal (titane - alliage léger) à chaud (1.000° environ) pour raison de gain de poids, de réduction des coûts et de composants à assembler dans la réalisation des nageoires (Formage Superplastique et Soudage par Diffusion).

. Mise au point de câblages de 12 couches superposées pour assurer une liaison numérique entre chaque sous-ensemble de la partie avant du dart et donc un taux de contrôle de quelque 70% du missile sans le démonter.

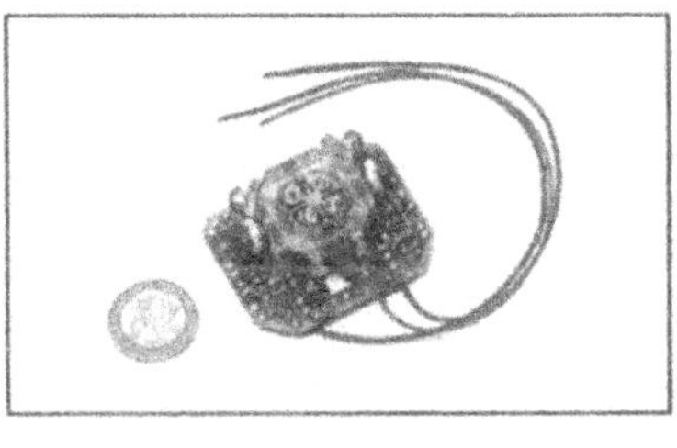

. Développement d'un gyromètre laser miniaturisé pour garantir une excellente précision des mesures instantanées de position, réduire les dérives temporelles et ainsi anticiper sur un besoin de portée accrue.

Une famille de missiles anti-missiles assurant une défense omnidirectionnelle dans un large domaine d'action

Les missions des différents corps d'armées, déclinées en spécifications techniques de besoins système propres à chacune d'elles, voire pour chaque type de plate-forme de lancement, impliquaient de concevoir une famille d'intercepteurs ayant des domaines d'action différents. Le concept ASTER se prête parfaitement à ces exigences. Le dart, ou intercepteur final, est commun aux deux composantes de la famille actuelle (ASTER 15 et ASTER 30). Il est placé dans son domaine d'action par un accélérateur, dimensionné pour répondre au domaine spécifié. Cet accélérateur propulse verticalement le dart au départ, répondant ainsi à l'exigence de défense omnidirectionnelle, forme sa trajectoire en direction du but estimé, puis se sépare naturellement de lui, en fin de combustion, par différence de traînée entre les deux mobiles.

Photo DGA/CEL

ASTER 15

Photo DGA/CEL

ASTER 30

Jusqu'à mi-course, le guidage du missile est inertiel avec rafraîchissement des données sur la cible via la liaison montante du radar multifonctions. En phase finale de vol, le guidage est assuré par un autodirecteur électromagnétique actif, conférant la capacité « Tous Temps » et rendant l'intercepteur indépendant du radar de poursuite. Le véhicule terminal est également équipé d'une fusée de proximité et d'une charge à fragmentation efficace contre les cibles les plus durcies, et les plus diverses.

Cette famille de missiles antimissile couvre un domaine d'action compris entre quelque 2 de 120 km en distance au sol, et quelques mètres à une vingtaine de kilomètres en altitude, les performances du « PIF » demeurant indépendantes de la pression dynamique externe.

Une méthode de développement pragmatique et rigoureuse

Si, dans son principe, l'approche apparaît rationnelle et classique, il serait inexact de prétendre qu'elle n'est pas, elle aussi, innovatrice, compte-tenu des moyens énormes mis en oeuvre et de la méthodologie retenue. Minimiser les coûts, réduire les risques et respecter le calendrier des étapes clés négociées avec le donneur d'ordres, trois critères à la genèse d'une méthode dont nous nous limiterons à l'essentiel.

- **Réalisation, validation et adaptation permanente de moyens industriels dédiés** tels que : banc de contrôle trois axes du vecteur poussée, tunnel de tir pour s'assurer du bon départ du missile, tables trois axes afin de vérifier, en dynamique, les fonctions de transfert des sous- ensembles de guidage/pilotage, maquettes fonctionnelles de missiles pour mise au point des intégrations de sous-ensembles et des logiciels, outils de simulations numériques à 6 degrés de liberté de plus de 150.000 lignes de code Fortran... etc,

Table trois axes

Test de départ au tunnel de tir

- **Maximum de validations au sol du matériel et des logiciels :** essais statiques et dynamiques des sous-ensembles, puis du missile dans son intégralité, contrôle des modes propres, adaptation subséquente des modèles de simulation,

Maquette fonctionnelle sur banc de test

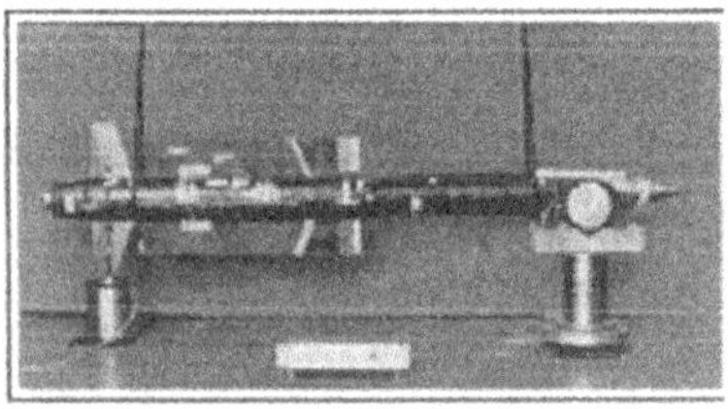

Essai dynamique du véhicule terminal

Essai du « PIF » et du propulseur de croisière

- **Pré-validation, avant tir, des senseurs de bord :** essais dynamiques sur rails, vols portés,
- **Exécution de tirs probatoires de missiles pilotés, sur trajectoire pré-programmée et cible fictive** préalablement aux essais de qualification. Mise en adéquation des outils de simulation,

- **Utilisation intensive de cases de télémesure sur les missiles de vol**, l'objectif étant de recueillir le maximum de données réelles, d'identifier les écarts potentiels de comportement des sous-ensembles du missile et d'injecter, dans les modèles comportementaux des simulations numériques, les valeurs nominales enregistrées en ambiance de vol,
- **Analyse systématique de tous les résultats d'essais** avant de franchir les étapes ultérieures du plan de développement,
- **Tirer profit de l'identité de configuration du dart des missiles ASTER 15 et ASTER 30** pour réduire le nombre d'essais, notamment en vol,
- **Justifier toute évolution de composants ou de configuration.**

Des performances démontrées

Sur une vingtaine de tirs de missiles réalisés depuis le début du développement, nous enregistrons un taux de réussite de quelque 85%, tout environnement et niveau de manœuvre des cibles confondus ! 100% de succès si nous considérons les dix premiers tirs de missiles autoguidés, le comportement de tous les missiles ayant été nominal. Toujours à notre actif, la réalisation d'une interception, par impact direct, d'un missile anti-navire EXOCET MM 38 opérationnel en vol rasant, la démonstration de l'agilité et de la manœuvrabilité

Photos DGA/CEL

Interception d'un EXOCET MM38 opérationnel

Photos DGA/CEL

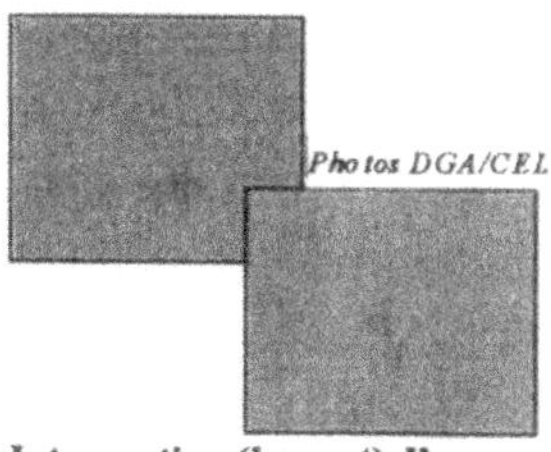

Interception (impact) d'une cible drone C22 manœuvrante

exceptionnelles d'ASTER, notamment à 15 km d'altitude, un taux global d'impacts qui répond au seuil généralement associé à l'attribution de la capacité 'Hit-To-Kill'. Enfin, la confirmation des performances, aussi bien en portée courte qu'en moyenne portée. Pour chaque essai, des prévisions de performances ont été faites. Tous les résultats analysés corroborent ces prévisions, et attestent de la crédibilité des modèles comportementaux des sous-ensembles intégrés dans nos simulations numériques. Même constat pour les essais au sol de la charge militaire.

Des systèmes d'armes pour la projection des forces

Le système SAAM ('Surface-to-Air Anti-Missile')

La France sera la première nation à mettre en service ce système d'autodéfense, et de défense de convoi rapproché, son installation sur le Porte-Avions *Charles de Gaulle* touchant à sa fin. La puissance de feu sera de 32 missiles ASTER 15 prêts au tir, répartis dans 4 lanceurs verticaux, deux à bâbord, deux à tribord. La gestion de l'arme, autonome ou en mode centralisé avec le système de combat de la plate-forme, sera effectuée par la conduite de tir du système qui mettra en oeuvre le radar multifonction ARABEL. 8 missiles pourront être tirés en quelque 10 secondes, 10 engagements de cibles simultanés seront possibles. La défense assurée est omnidirectionnelle.

La photo ci-contre montre les portes supérieures des huit cellules individuelles de chaque lanceur, ainsi que celle, au centre, de la cheminée du plénum pour permettre l'évacuation des gaz au départ de chaque missile. L'électronique des modules de lancement verticaux gère, entre

Porte-avions Charles de Gaulle et ses 2 modules de lancement verticaux ASTER à bâbord

autres, l'interface électrique avec la conduite de tir, la séquence de tir des missiles ASTER et les résultats de leur autotest, ainsi que ceux de ses propres tests d'autocontrôle. La mise en oeuvre de l'ensemble du système ne nécessite pas plus de deux personnes.

Le système SAMP/T (Sol-Air Moyenne Portée/Terrestre)

Le SAMP/T est le système de remplacement du Hawk en France et en Italie. Il est conçu pour offrir le meilleur compromis en termes de mobilité (stratégique et tactique), de domaine d'interception et de puissance de feu (jusqu'à 6 lanceurs de 8 munitions ASTER 30 chacune prête au tir, capacité de 10 engagements simultanés et de tirer 8 missiles en 10 secondes). De configuration modulaire, une section réduite à un seul lanceur muni de ses munitions et la conduite de tir ARABEL, déployée sur un théâtre extérieur, peut assurer, dans l'attente de moyens complémentaires, une protection omnidirectionnelle des premières forces débarquées, des « têtes de pont » par exemple. Sa mobilité tactique et sa capacité à traiter également les cibles missiles anti-radars (ARM) lui procurent un potentiel de survie des plus élevés.

Photo DGA/CEL

Photo Thomson/CSF/Airsys

Module radar ARABEL

Lanceur vertical terrestre

Départ d'un missile ASTER 30

Ce système peut opérer soit en toute autonomie, soit sur désignation d'objectif assignée par un radar de surveillance de longue portée, intégré ou non dans un réseau maillé de communications. Le nombre de servants par section en opération est limité à deux personnes, quelle que soit la quantité de lanceurs.

Les premiers systèmes livrés aux utilisateurs franco-italiens, de configuration dite « Block 1 », subiront des tests d'évaluation de capacité opérationnelle. Ils seront capables de traiter non seulement les cibles aérobies spécifiées, mais également les missiles balistiques tactiques proliférant de 600 km de portée maximale. Plus que jamais, le SAMP/T (Block 1) se présente donc comme une alternative européenne au Patriot, ou encore du Hawk amélioré lui-même ! Il est à considérer par ailleurs comme la contribution européenne sur l'initiative de défense (**DCI** : **D**efence **C**apability **I**nitiative) préconisée par l'OTAN. Enfin, il dispose d'un potentiel de croissance en cours d'exploration pour maintenir sa compétitivité au-delà de 2010-2012.

Les systèmes PAAMS ('Principal Anti-Air Missile System')

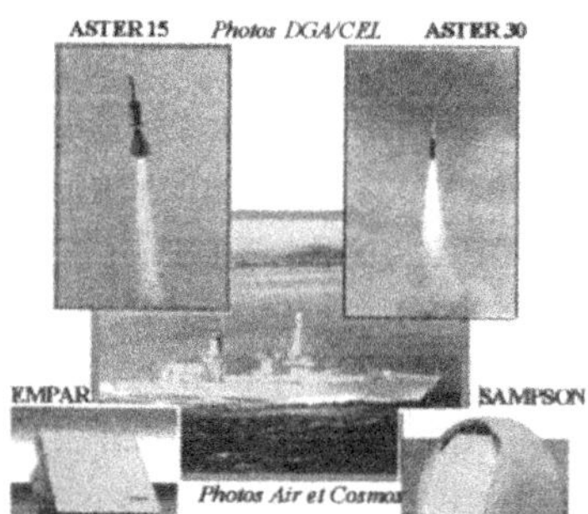

Le système PAAMS équipera les frégates de lutte anti-aérienne de nouvelle génération françaises, italiennes et britanniques. Elles seront toutes équipées de lanceurs bi-missiles, conçus pour tirer des missiles ASTER 15 et ASTER 30. C'est au niveau des conduites de tir que se fera l'une des principales distinctions, la France et l'Italie ayant opté pour le radar italien EMPAR, le Royaume Uni pour le radar SAMPSON. Multifonctions tous les deux, ils opèrent dans des bandes de fréquences différentes et assurent la surveillance de l'espace aérien et la poursuite des cibles à des cadences également différentes. Une particularité supplémentaire d'ASTER : sa versatilité à recevoir indépendamment, dans les premières phases de son vol, des messages de rafraîchissement sur les coordonnées de sa cible et son environnement dans trois bandes de fréquence distinctes et à des cadences de 1 Hertz ou 3 fois supérieures.

La mission de ces frégates est triple : autodéfense, protection d'un convoi maritime rapproché, défense anti-aérienne moyenne portée. En termes de performances, le PAAMS se distingue du système SAAM par une plus grande puissance de feu (48 missiles prêts au tir), un domaine d'interception plus que triplé face à certaines cibles, et une zone de protection d'un convoi maritime plus étendue. Comme le SAMP/T, il possède tous les atouts pour protéger un littoral, une zone de débarquement. Le nombre de servants en opération reste limité à 2.

Un potentiel de croissance

La spécificité d'ASTER est, comme nous l'avons vu, que sa capacité antimissile pleine et entière résulte d'un choix délibéré de configuration du missile terminal dont la mission est de détruire sa cible quel que soit le niveau de sa manœuvre de pénétration (jusqu'à 15g) ou la durée de la « fenêtre d'interception » : petit vecteur léger pour être très manœuvrant, compacité et pilotage mixte 'PIF-PAF' pour une agilité et une faculté d'atteinte de la cible par impact maximales. Conséquence directe, le concept est bi-étage. Il offre donc la flexibilité d'associer, au véhicule terminal, un accélérateur plus puissant, tout en demeurant compatible du conteneur servant de rampe de lancement et assurant l'interface mécanique avec le module de lancement vertical. Le domaine d'action de l'arme peut donc être accru sans être tenu de développer une nouvelle munition. Il est également possible d'être plus ambitieux, sans toutefois remettre en cause l'essentiel du conteneur et du lanceur, pour satisfaire davantage au besoin de l'ensemble des corps d'armées et tendre vers une défense de zone et à plus haute altitude (25-

35 km), le besoin en courte portée ne se justifiant plus. L'accélérateur serait alors mono-tuyère, sans empennage et occuperait le maximum de volume libre dans son conteneur.

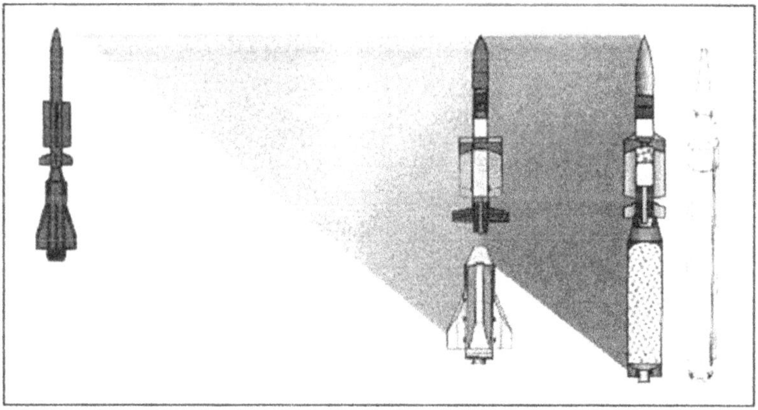

Quant au véhicule terminal, sa cellule, et l'efficacité du 'PIF', ont été testés dans un environnement simulant une altitude excédant 20 km. Au plan aérodynamique, la cellule ASTER est optimisée. Par contre, des adaptations de sous-ensembles peuvent se justifier dès que les caractéristiques de la menace à contrer excèdent celles retenues pour définir les configurations PAAMS, ou Block 1. Là encore, la conception modulaire du véhicule terminal constitue un atout majeur. A titre d'exemple, il est concevable de remplacer le système propulsif actuel du dart par un système modulable 'croisière-PIF'.

En effet, une analyse a montré la supériorité, à partir d'une certaine altitude, du niveau de manœuvrabilité obtenue par une durée de fonctionnement accrue du 'PIF' par rapport à celle résultant du gain de vitesse du propulseur de croisière. Il peut donc être envisagé d'optimiser la répartition de l'énergie entre les propulseurs 'PIF' et croisière en fonction du type d'interception (et donc de cibles) ainsi que la modulation entre le niveau et la durée de combustion du propulseur 'PIF'.

Enfin, selon les spécifications de besoins, l'ensemble du mécanisme létal (charge militaire, autodirecteur, fusée de proximité...) peut être adapté sans remettre fondamentalement en cause l'agencement interne du dart. Il est ainsi possible de concevoir une version dédiée **ATBM** ('**A**nti-**T**actical **B**allistic **M**issile'), par exemple pour contrer des missiles balistiques tactiques au-delà des premiers dérivés du SCUD, tant du fait de leur cinématique que de la configuration de leur charge utile. Une flexibilité qui allège significativement, dans le temps et avec l'évolution anticipée des besoins, le coût de possession de l'arme. Différents concepts sont à l'étude. Tous s'appuient sur un pilotage pyrotechnique additionnel, voire un DACS, du vecteur intercepteur en son centre de gravité, le concept ASTER ayant démontré son efficacité et faisant de plus en plus d'adeptes, y compris hors de l'hexagone. La figure qui précède n'illustre que trois des concepts explorés à ce jour.

Conclusion

ASTER, de technologie française à l'origine, tend à s'européaniser chaque jour davantage. Il constitue une structure d'accueil modulaire qui se prête aisément à l'entrée de nouveaux partenaires industriels compétitifs. Il constitue l'arme de systèmes de défense anti-aérienne de nouvelle génération promus à marquer de leur empreinte un marché jusqu'alors sous l'emprise américaine. Ayant surmonté les défis technologiques, il se présente, plus que jamais, comme une alternative européenne crédible face à ses concurrents d'outre atlantique.

-f-

Les programmes de défense antimissiles balistiques étrangers

par
Louis LEVEQUE
Expert Conseil en systèmes de défense
EADS, Launch Vehicle

1. CLASSE DES SYSTEMES ANTIMISSILES : TRAITE ABM

Pour permettre l'exportation des systèmes surface-air, les Russes et les Américains ont dû se mettre d'accord sur la définition d'un intercepteur ABM ou non. Pour ce faire, ils ont profité de la structure de discussion mise en place entre les experts nationaux et ce depuis le lancement des Strategic Arms Limitation Talks (**SALT**) des années 1970.

En premier lieu, ils ont considéré la distance séparant la Russie des USA et se sont mis d'accord sur une vitesse minimale de missile balistique pour parcourir cette distance, à savoir : **5.000 m /s**.

Ils ont ensuite regardé les capacités d'un intercepteur face à une cible d'une telle vitesse et ont conclu qu'il était impossible à un intercepteur de d'atteindre une cible d'une telle vitesse si sa propre vitesse était inférieure à **3.000 m/s.**

En conclusion pour les experts russes et américains du balistique, tout intercepteur de vitesse inférieure à 3.000 m/s n'est pas un intercepteur balistique et peut donc être proposé à l'exportation (S 300 PMU, PATRIOT, THAAD) ou produit en coopération (ARROW, MEADS).

Par contre, se pose le problème des intercepteurs de plus de 3.000 m/s qui ont des capacités d'intercepteurs balistiques. La conclusion des experts russes et américains pour ceux-ci est que seules des mesures de confiance peuvent permettre de différentier une réelle capacité anti-balistique. En conséquence, ils ont décidé que seuls les intercepteurs n'ayant jamais été testés en vol contre des cibles balistiques de plus de 5.000 m/s pourraient être considérés comme ne faisant pas partie du club très fermé des intercepteurs balistiques. En conséquence et sous réserve du respect des mesures de confiance, les missiles SM3 et S 300 V pourraient être déployés par les deux partenaires, tout en respectant le Traité ABM.

En revanche, les intercepteurs balistiques de type GBI,

SH-8 ou SH-11 sont considérés par les deux partenaires comme non exportables car étant capables d'intercepter des missiles balistiques inter continentaux.

L'ensemble de ces définitions a été entériné par un amendement au Traité ABM en 1997.

2. EXEMPLE D'ANTIMISSILE : LE GBI OPERATIONNEL

Cette planche illustre trois points concernant un intercepteur balistique :

- Premièrement, et de façon évidente, le GBI opérationnel ne sera pas un «gros booster», mais bien un lanceur tri-étages.
- Deuxièmement, ce lanceur tri-étages est constitué de moteurs à poudre issus de lanceurs civils. Cela montre la forte dualité entre technologie des lanceurs civils et des intercepteurs balistiques.
- Enfin, il faut rappeler que le véhicule de test utilisé lors des essais de la NMD est un lanceur dérivé d'un missile balistique de type MIMUTEMAN II. Il existe donc une forte dualité entre missiles balistiques et intercepteurs balistiques.

3. LES ORIGINES DU VEHICULE TERMINAL

Le véhicule terminal du GBI est le fruit de 20 ans de développement dans le domaine des intercepteurs balistiques exo-atmosphériques. En effet les premiers **EKV** (**E**xo-atmospheric **K**ill **V**ehicles) ont été testés en vol dans le cadre du programme **HOE** (**H**igh **O**verlay **E**xperiment).

A ce jour, au moins 11 essais en vol ont eu lieu comme le montre cette planche. Cette planche montre aussi la difficulté technique liée à l'obtention d'un *Hit To Kill*, à savoir que l'impact direct contre un véhicule de rentrée entraîne la destruction de la charge militaire qu'il protège.

Cette planche illustre aussi, de façon visuelle, l'EKV utilisé pour les essais en vol de la NMD. Deux points sont à mettre en exergue :

- Premièrement, ce type de véhicule est issu de 20 années de développement aux USA, et il a subi plus d'essais en vol que les missiles surface-air en développement en Europe.
- Deuxièmement, les technologies employées ressemblent fort aux technologies spatiales, à bord des satellites, des infrastructures orbitales (Automated Transfer Vehicule) ou des parties hautes de missiles balistiques.

4. LES FUTURS SYSTEMES LASER

En dehors des développements technologiques cités précédemment et des systèmes maintenus en conditions opérationnelles, d'autres systèmes ont été développés dans le cadre du SDI, tels que l'avion de trajectographie et discrimination optique, appelé **AOA** (**A**irborne **O**ptical **A**djunct) à l'époque et utilisé actuellement pour les tirs expérimentaux et la collecte de renseignements sous le nom d'**AST** (**A**irborne **S**urveillance **T**estbed).

Remarquons, au passage, que les principaux concurrents d'ASTER ont été mis au point par la Strategic Defense Command dans le cadre du programme SDI dans le cadre du projet fédérateur **KEW** (**K**inetic **E**nergy **W**eapon). A savoir les PATRIOT PAC1 et PAC2 dans le cadre du programme **P3I** (**P**re **P**lanned **P**roduct **I**mprovement) et le missile du PAC3 et de MEADS dans le cadre du programme **ERINT** (**E**xtended **R**ange **INT**erceptor).

Le programme SDI a aussi donné naissance, dans le cadre du projet fédérateur **DEW** (**D**irect **E**nergy **W**eapon) à un certain nombre de développements technologiques.

Très tôt, les choix technologiques se sont orientés vers des LASER chimiques, avec un éclatement du projet fédérateur en fonction des contraintes opérationnelles. En effet, la Navy et l'Army ont préféré s'orienter vers des systèmes de surface, certes encombrants, mais disponibles à relativement court terme (2000 – 2010). De plus, les promoteurs militaires de ce type d'arme ont le souci de la menace contre leur arme, à savoir les roquettes et autres missiles tactiques de relativement faible vitesse (500 m/s).

L'Air Force, de son côté, privilégie un porteur aérien ou satellite contre une menace aérienne élargie pour un porteur aérien ou contre un missile balistique pour un porteur satellite.

Ces deux programmes sont actuellement en phase démonstration technologique avec un objectif calendaire de 2008 pour l'**ABL** (**A**ir **B**orne **L**ASER) et 2012 pour le **SBL** (**S**pace **B**ased **L**aser).

Dans le domaine du LASER, il semble judicieux de surveiller la révolution technologique identique à celle du radar. En effet, les premiers radars à tubes hyperfréquence ont subi une révolution technologique avec l'arrivée des modules actifs et leur mise en réseau dans des antennes de forte dimension. Il semblerait que le même type de révolution technologique soit possible dans le domaine LASER, grâce aux phasage de LASER à état solide.

LA GUERRE DES MISSILES

LES PROGRAMMES DE DEFENSE ANTIMISSILES BALISTIQUES ETRANGERS

EADS LAUNCH VEHICLES

Page 2

SOMMAIRE

- CLASSE DES SYSTEMES ANTIMISSILES : TRAITE ABM
  - DAE, ABM, TMD, (N)MD, EURO-ABM
- EXEMPLE D'ANTIMISSILE : LE GBI OPERATIONNEL
  - Intercepteur balistique, véhicule terminal
- LES FUTURS SYSTEMES LASER
  - THEL, ABL, SBL

30/07/01

EADS LAUNCH VEHICLES

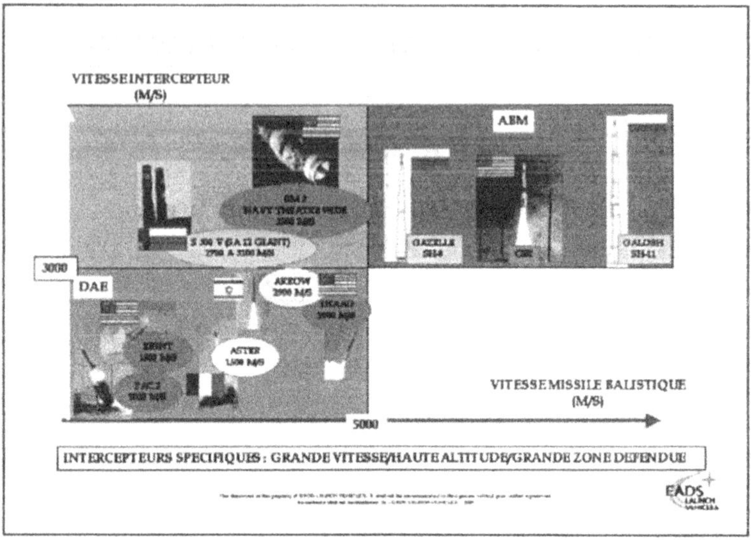

Etage 1: GEM-40-VN

- Dérive du moteur GEM-40 du lanceur Delta-II
  - L = 13m
  - D = 1m
  - Masse = 13082kg
  - Propergol = 11765kg
  - ISP = 245sec
  - Tc = 63 sec

Etage 2 et 3: ORBUS-1A

- Utlisé sur la fusée sonde Starbird
  - L = 1.25m,
  - D = 0.69m
  - Propergol = 413kg
  - ISP = 293.3sec
  - Tc = 39sec

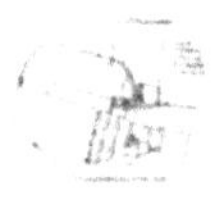

DUALITE ENTRE LANCEUR ET INTERCEPTEUR OPERATIONNEL
DUALITE ENTRE MISSILE BALISTIQUE ET VEHICULE DE TEST (MINUTEMAN II)

EADS LAUNCH VEHICLES

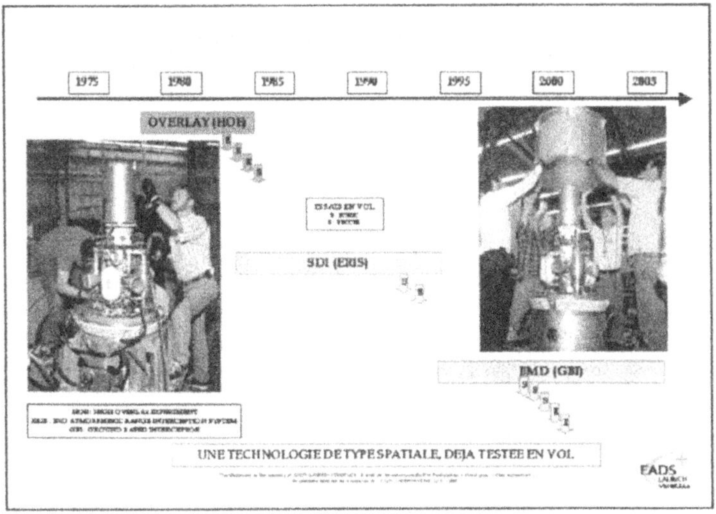
1975
1980
1985
1990
1995
2000
2005
OVERLAY (HOE)
SDI (ERIS)
BMD (GBI)
UNE TECHNOLOGIE DE TYPE SPATIALE, DEJA TESTEE EN VOL
EADS

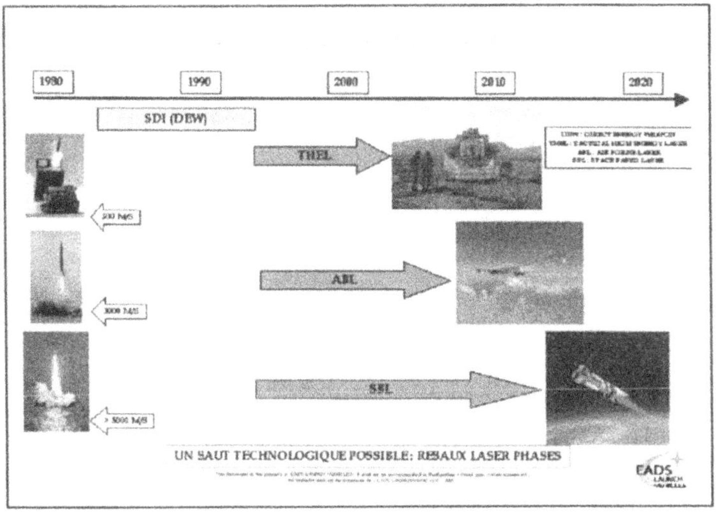
1980
1990
2000
2010
2020
SDI (DEW)
THEL
ABL
SSL
UN SAUT TECHNOLOGIQUE POSSIBLE: RESEAUX LASER PHASES
EADS

-g-

Prospective technique en matière de systèmes de défense antimissiles

par
Bernard PETIT
Directeur Adjoint de la Stratégie et de l'Action Commerciale (DSAC)
Office **N**ational d'**E**tudes et de **R**echerches **A**érospatiales
(ONERA)

Contexte

En 2006, lorsque le système franco-italien de défense aérienne SAMPT block 1 entrera en service opérationnel, grâce aux actions complémentaires récentes, il disposera en plus d'une certaine capacité antimissiles, notamment face aux missiles balistiques de type SCUD de portée limitée à 600 km, sachant que, à l'origine, le SAMPT block 1 avait été défini pour avoir une capacité significative face aux missiles de croisière, y compris supersonique basse altitude.

Pour une entrée en service opérationnel à l'horizon 2012, la France vient d'initier différentes études pour définir un futur système SAMPT block 2, prévu dès l'origine, pour contrer des menaces balistiques de portée allant jusqu'à 1.500 km.

Ainsi, la France ne s'intéresse actuellement qu'à des interceptions dites "couche basse" ou "endoatmosphériques" correspondant à une défense antimissiles uniquement réservée aux opérations extérieures, dites "de théâtre".

Par ailleurs, la défense active de théâtre fait l'objet d'une étude de faisabilité OTAN à laquelle participe la France.

Afin d'aboutir à cette capacité à 1.500 km, des études prospectives sont nécessaires. Elles viennent de démarrer chez les différents acteurs industriels ainsi qu'à l'ONERA qui assiste, depuis plusieurs années, la DGA sur la quasi-totalité des différentes composantes d'une défense antimissiles couche basse, la menace, l'alerte, la poursuite mi-course des cibles, l'interception, les retombées après interception et la gestion des opérations (BMC3I).

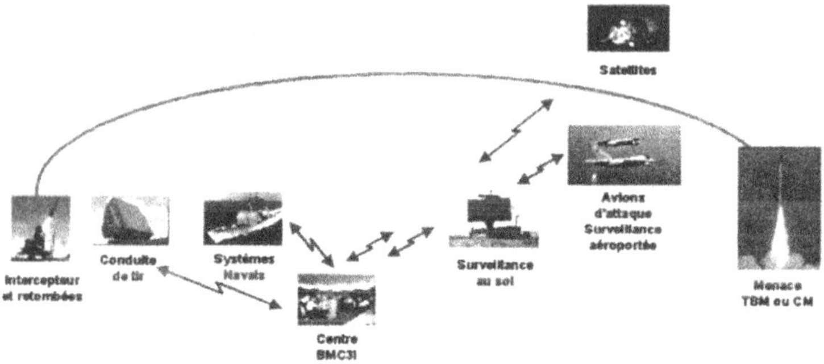

Figure : **Les composants d'une défense antimissiles « couche basse »**

Caractérisation de la menace

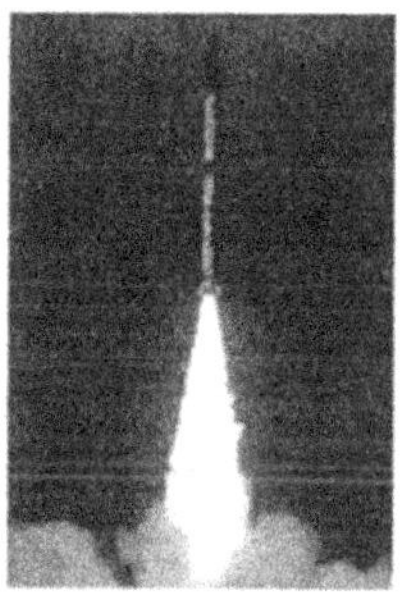

La définition d'un nouveau système antimissiles conduit impérativement à s'intéresser à la menace que devra contrer ce système dès sa mise en service, puis durant toute la durée de son service opérationnel, quelles que soient les évolutions de cette menace.

Il serait en effet très dommageable de voir apparaître des nouvelles contre-mesures ou une nouvelle forme de menace qui n'auraient pas été prises en compte à l'origine et face auxquelles le système serait inefficace.

Il importe donc de se placer du côté du concepteur du système adverse et d'envisager toutes les évolutions possibles, mais réalistes ; ceci à l'horizon 2030 au moins.

L'expérience française (dans l'industrie et à l'ONERA) dans le domaine de la pénétration stratégique est un atout certain pour ce besoin ; bien que moins sophistiqué a priori.

- Missiles de croisière de prolifération

Concernant les missiles de croisière de prolifération, il convient de ne pas s'intéresser uniquement aux missiles conventionnels, mais aussi à tout aéronef modifié et muni d'un système de guidage autonome et d'une charge militaire, éventuellement rudimentaire.

Avec le SAMPT block 1, on peut considérer que ce type de menace est traité au niveau du système d'interception. Les études à réaliser concernent plus la capacité de détection, notamment radar, à moyenne portée.

- Missiles balistiques de prolifération

Il convient de connaître les principales caractéristiques des vecteurs adverses pouvant apparaître sur le théâtre d'opérations, telles que les principales dimensions, la durée de propulsion, la trajectoire à plus ou moins grande portée et la vitesse correspondante, les signatures infrarouge et radar dans toutes les bandes de fréquence possible, ainsi que les caractéristiques de la charge militaire et ses principes d'utilisation (notamment pour les sous munitions).

En outre, il convient de s'intéresser aux capacités d'évolution des missiles actuels qui pourraient réaliser, souvent assez facilement, des manœuvres en phase de rentrée ou être dotés d'aides rustiques à la pénétration.

Systèmes d'alerte

Lorsque la portée des systèmes balistiques adverses devient importante, la vitesse du missile puis du corps de rentrée (tête séparable) augmente notablement. Ceci s'accompagne en général d'une assez forte réduction de la signature radar.

Pour avoir une capacité de réaction, avec un délai d'intervention suffisant, il convient de détecter au plus tôt le départ du ou des missiles, éventuellement tirés en salve.

Les objectifs assignés à ces systèmes sont de surveiller l'activité d'essais, la détermination des points de lancement, la prévision des directions de tir et celle des points d'impact. Trois types de système d'alerte sont envisageables :

- Alerte spatiale par un réseau de satellites géostationnaires

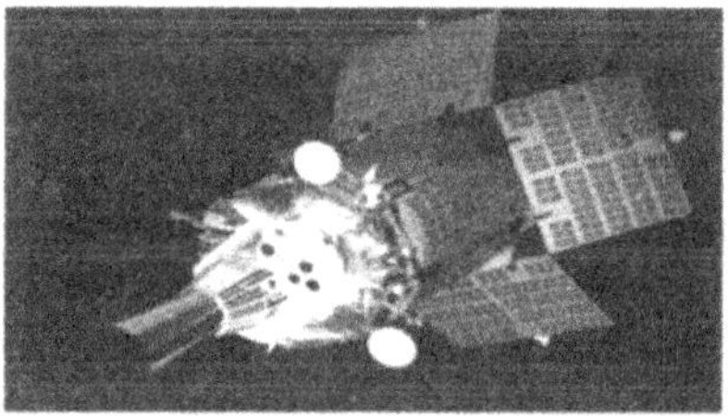

Dans ce domaine, les USA continuent d'investir de manière importante, notamment avec les **DSP** (**D**efense **S**upport **P**rogram) et maintenant les **SBIRS** (**S**pace **B**ased **I**nfra**R**ed **S**ystems).

En France, l'ONERA continue ses investigations permettant d'identifier les caractéristiques des composants et les performances de tels systèmes. Une des difficultés consiste à prévoir avec une bonne précision la signature infrarouge des jets de propulseurs sur un fond de nuages. Des algorithmes de filtrage doivent minimiser les risques de fausse alerte.

Aux différentes modélisations et mesures déjà réalisées, il conviendra d'ajouter d'autres expérimentations pour conforter les modèles. Dans tous les cas, il semble nécessaire d'envisager la réalisation d'un ou plusieurs satellites expérimentaux, éventuellement européens.

- Alerte aéroportée sur drones **H**aute **A**ltitude **L**ongue **E**ndurance (**HALE**)

Outre l'intérêt d'un coût réduit par rapport aux systèmes satellitaires, l'emploi de drones HALE s'avère intéressant pour une menace bien localisée sur le théâtre d'opérations.

Des compétences dans le domaine des senseurs infrarouge aéroportés existent en France, notamment avec le système MAMO-CIRCE en cours de développement par EADS et l'ONERA.

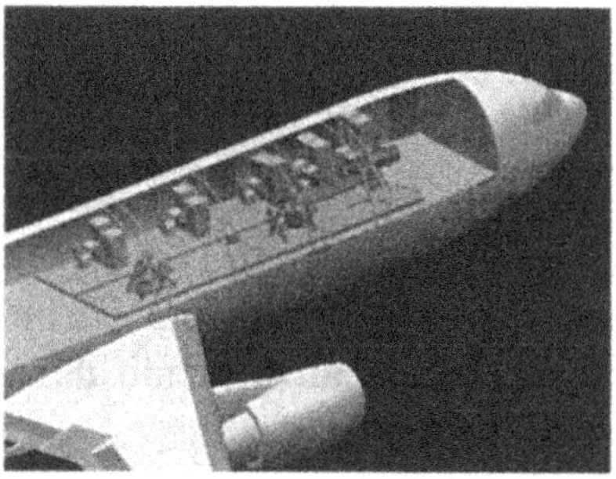

L'adaptation de tels systèmes à des drones HALE existants et leur utilisation opérationnelle devraient faire l'objet de prochaines études.

- Alerte par radar longue portée (transhorizon)

Ces dernières années, l'ONERA a réalisé un démonstrateur de radar transhorizon, baptisé NOSTRADAMUS. A l'origine, il était destiné principalement à une application en défense aérienne. Des résultats de mesure très intéressants ont été acquis, y compris lors d'un conflit récent à plus de 1.000 km de la France.

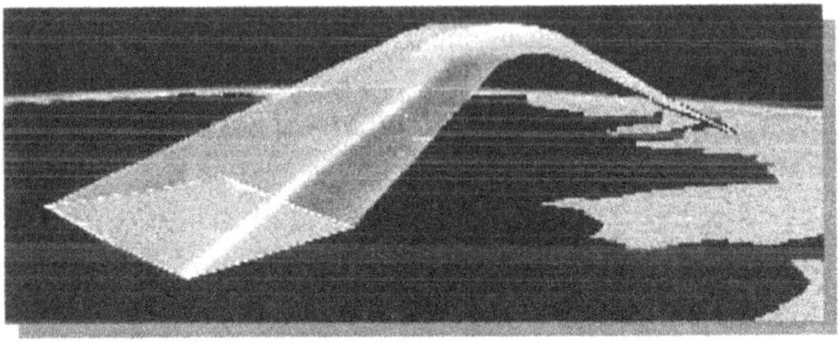

Un tel système peut également être utilisé sur des cibles balistiques ou des missiles de croisière. Pour valider l'utilisation de ce type de radar en défense aérienne élargie, une des difficultés est de pouvoir effectuer des essais réalistes face à des cibles représentatives.

Systèmes de poursuite

Les systèmes de poursuite doivent permettre de réaliser une désignation d'objectifs au système d'interception. Pour cela deux concepts sont envisageables :

Systèmes spatiaux

Avec le développement envisagé de systèmes satellitaires infrarouge basse altitude (SBIRS Low), les USA s'intéressent à un concept jugé très onéreux s'il s'applique uniquement à la poursuite balistique. Il est peu probable que la France et l'Europe s'impliquent dans de tels programmes.

- <u>Radars longue portée</u>

La Grande-Bretagne investit beaucoup dans ce type de radar, notamment avec le prototype de radar MESAR 2 en cours d'expérimentation.

En France, THALES réalise des études significatives d'un radar M3R à capacité antimissiles.

Le concept original français RIAS (ONERA) est maintenant bien maîtrisé par THALES qui le propose pour des portées relativement importantes.

Pour des portées longues ou moyennes, le concept NOSTRADAMUS de radar transhorizon devrait donner des informations intéressantes sur la trajectoire de la cible en phase non propulsée.

Pour la levée des ambiguïtés et l'augmentation de la précision, il importe d'analyser l'intérêt de l'association de différents concepts de détection complémentaires.

Systèmes d'armes intercepteurs

Les systèmes d'armes intercepteurs doivent détruire les cibles, arrivant éventuellement en salve, en minimisant les conséquences des résidus d'interception notamment lorsqu'il s'agit de charges chimiques. Ils doivent réaliser ces interceptions avec une bonne probabilité, en protégeant de façon satisfaisante une zone au sol de surface fixée.

Les industriels THALES et Aerospatiale Matra Missiles ont débuté depuis quelques temps les études d'un futur système SAMPT block 2.

Par rapport à la version SAMPT block 1, la vitesse accrue des corps de rentrée des missiles balistiques de 1.500 km de portée conduit à des nouvelles contraintes de précision de désignation d'objectifs, de vitesse de traitement au niveau de la conduite de tir, de vitesse de l'intercepteur et de précision d'interception.

Sur la base de l'acquis du radar de conduite de tir ARABEL block 1, THALES définit une version future adaptée.

Le concept innovant de pilotage en force de l'ASTER (PIF PAF) peut constituer un atout essentiel face à des menaces pouvant avoir une certaine capacité de manœuvres en phase de rentrée. Pour le besoin spécifique, correspondant à la portée de 1.500 km, le pilotage en force pourra être redimensionné. Des études sont également en cours pour définir l'autodirecteur, éventuellement infrarouge, le mieux adapté, les trajectoires et les lois de guidage appropriées autorisant une sélection du point d'impact sur la cible ainsi que la charge militaire qui pourrait être dédiée spécifiquement à la menace balistique.

Système de commandement et de contrôle (BMC3I)

L'intégration du système d'arme SAMPT block 1 dans le système de commandement français de défense antiaérienne (SCCOA) est en cours, celle du SCCOA dans le système de commandement OTAN ACCS également.

Ces systèmes de commandement sont destinés à la coordination des moyens de défense aérienne élargie intégrant les différents moyens d'alerte, de poursuite et d'interception. Ils font intervenir l'homme dans la boucle, au niveau des opérationnels qui sont amenés à prendre des décisions en fonction des scenarii d'attaque-défense. Comparée aux contraintes de défense antiaérienne pure, la prise en compte de la menace, notamment balistique, conduit à des délais de réaction beaucoup plus faibles. Ceci pourrait amener les opérationnels à laisser aux systèmes une part de la prise de décisions.

Pour tenir compte de toutes ces contraintes spécifiques, il importe de simuler, avec une assez grande précision, toutes les phases d'une attaque balistique, d'entraîner les opérationnels à ces nouvelles conditions et de choisir les meilleures organisations des systèmes de commandement.

A cet effet, la France se dote actuellement d'un simulateur de défense aérienne élargie (DAE) spécifié par l'ONERA, réalisé par l'industrie (COSYDE) et qui sera prochainement utilisé par tous les intervenants. Ce sera également un outil utile pour préparer des coopérations européennes.

PARTIE III

L'INDUSTRIE MISSILIERE

-a-

L'Europe des missiles enfin sur les rails

par
Jean DUPONT
Journaliste
Air et Cosmos

Dix-huit mois après son annonce, la création de MBDA s'est concrétisée par la signature d'un accord entre EADS, BAE Systems et Finmeccanica.[1]

Il a fallu plus de dix-huit mois pour que le plan de fusion des activités missilières d'EADS-France, BAE Systems et Finmeccanica annoncé le 20 octobre 1999, se concrétise enfin par une signature officielle, donnant naissance à la nouvelle société ***MBDA***. Mais il faudra sans doute encore trois mois pour que les apports d'actifs de ses géniteurs soient effectifs et que la nouvelle société devienne opérationnelle.

Si son sigle évoque le nom des sociétés fusionnées (Matra BAe Dynamics, Aerospatiale Matra Missiles et Alenia Marconi Systems), le nouveau numéro deux mondial des missiles après Raytheon entend abandonner définitivement toute référence aux noms des groupes qui l'ont constitué. Et pour cause, avec la cascade de holdings qui en assureront le contrôle, MBDA n'aura plus d'actionnaire majoritaire, gage d'une certaine autonomie d'action.

EADS et BAe Systems maintiendront leur parité dans la co-entreprise avec 37,5% du capital chacun, laissant une part de 25% à Finmeccanica. Etant donné que le poids de l'activité qu'il apporte dans MBDA est inférieur à la part de capital qu'il détiendra, l'Italien a dû reverser une soulte estimée à 500 MEuros (3,3 MdF) aux deux actionnaires initiaux.

C'est Fabrice Brégier, actuel PDG de Matra BAe Dynamics, qui prendra les rênes de la société. Il sera assisté, au sein d'un comité de direction de 14 membres, par deux directeurs nationaux : le Britannique Alan Garwood et l'Italien Mario di Donato. Principale entité de la division « Systèmes civils et de défense » dirigée par Thomas Enders, le nouveau missilier européen (MBDA ne publie pas ses

---

[1] Article paru dans Air et Cosmos, n°1794, 4 mai 2001

chiffres) s'établira aux environs de 15 MdF (2,2 Md$), constitués de 8 MdF d'apports de Matra BAe Dynamics, 4 MdF d'Aerospatiale Matra Missiles et 3 MdF d'Alenia Marconi Systems.

La concrétisation de l'opération s'est fait attendre. Il a fallu d'abord vaincre les réticences de certaines administrations, en particulier au sein de la DGA française, où l'on voulait maintenir des conditions de concurrence objective au niveau des autodirecteurs et des propulseurs. L'activité apportée par Alenia Marconi Systems dans les autodirecteurs sera donc logée dans une filiale qui deviendra une concurrente directe de Thales.

De même que la création de la première filiale entre Matra et BAe en 1996 a pu se cristalliser autour d'un programme structurant (le missile de croisière Scalp/Storm Shadow auquel s'est ralliée l'Italie depuis), MBDA devrait recevoir dans sa corbeille de mariage deux grands programmes : le PAAMS, système de défense aérienne navale, commandé par les marines des trois pays et le METEOR, missile d'interception aérienne destiné à armer l'EF-2000, le Rafale et le Saab Gripen. Deux programmes qui représentent un montant potentiel respectif de 2,1 et 3,5 MdEuro.

Sur le plan social, la concentration des missiliers français se traduira par la fermeture du site de Salbris dont les effectifs seront reclassés notamment sur Bourges où la société localisera son pôle mécanique. Les activités électroniques de Bourges seront transférées chez Matra Electronique (filiale à 100% de MBDA) à Compiègne, qui deviendra le pôle électronique du groupe. Enfin, le pôle intégration français sera réparti sur les sites de Selles-Saint-Denis et Bourges Subdray, tandis que les établissements de Vélizy et Châtillon seront maintenus dans leurs métiers actuels.

L'un des tous premiers actes de la nouvelle société sera de fonder une filiale en Espagne, l' « Empresa de Misiles Espanoles » (EME), qui sera détenue à 40% par MBDA, 10% par EADS, le reste étant détenu par l'industrie ibérique (Indra 40% et Izar 10%). Outre qu'elle gérera la part espagnole de 400 MEuro dans le programme METEOR, EME sera un point d'ancrage pour défendre la candidature de MBDA à un programme de missile air-sol « stand-off » pour lequel Madrid a déjà inscrit un budget de 450 MEuros.

Mais le grand chantier, qui attend encore Fabrice Brégier, sera de réussir une véritable implantation de MBDA en Allemagne. Les officiels d'EADS ne font plus mystère de leur volonté de placer leur filiale LFK (Lenk Flug Körper) sous l'ombrelle de MBDA après avoir tenté en vain un rapprochement germano-allemand avec l'autre missilier d'outre-Rhin, BGT. Ce qui pourrait prendre la forme d'une simple montée de MBDA au capital de LFK.

-b-

L'industrie missilière américaine

par

Jacques BATTISTELLA
Président Directeur Général
CILAS

On m'a demandé de compléter l'intervention de Jean Dupont en parlant de l'industrie missilière américaine. La restructuration commence un petit peu comme un conte de fée. Un soir, en 1993, il y a eu un dîner. Le Secrétaire à la Défense de l'époque, a invité les patrons de l'industrie de défense américaine parmi lesquels il y avait évidemment les missiliers. Ils étaient extrêmement heureux et flattés d'être invités par le Secrétaire à la Défense mais vers la fin du dîner, personne ne savait pourquoi il avait eu ce plaisir, cet honneur, d'être invité à dîner. C'est donc « entre la poire et le fromage » que le secrétaire à la défense a pris la parole : « *La guerre froide est terminée depuis un petit peu plus de trois ans maintenant ; les budgets vont diminuer de manière significative ; les deux tiers des sociétés que vous dirigez aujourd'hui auront disparu avant cinq ans* ». Evidemment ces propos ont jeté un froid. Le secrétaire à la défense continua son explication : « *La baisse des budgets ne permettra pas aux Etats-Unis de garder l'industrie actuelle. Dans ces conditions, vous avez le choix entre grossir ou vous vendre, mais vous devez faire quelque chose* ».

A partir de là, bien évidemment, il s'est passé ce qui devait se passer parce que dans ce monde totalement anglo-saxon et donc absolument pas dirigiste comme je viens de vous le démontrer, la machine s'est mise en marche.

Et la machine qui se met en marche à ce moment-là est une machine qui à partir de 20 ou 25 industriels américains qui existent en 1990, il va y avoir une concentration sur 4 industriels dont 2 ou 3 sont des fournisseurs de missiles : le premier c'est Raytheon, le deuxième, c'est Lockheed Martin et, derrière, on va trouver Boeing. Entre temps un certain nombre de noms célèbres du métier des missiles (Mc Donald Douglas, LTV, Ford Aerospace, General Dynamics, ...) auront totalement disparu au travers de ces regroupements.

Il est intéressant de remarquer que le chiffre d'affaires de ces industriels va être multiplié par 4,5, alors que le budget de la Défense est en décroissance. Durant cette période, on assiste à la fois à une implosion du nombre d'industriels et à une explosion du chiffre d'affaires.

Aujourd'hui où en sommes nous après ce dernier dîner, ce « the last supper » comme disent nos amis américains ? Aujourd'hui le chiffre d'affaires de Raytheon est de l'ordre de 4 milliards d'Euros, à comparer à 2 milliards d'Euros pour Lockheed Martin et à 1-1,2 milliards d'Euros pour Boeing.

Nous avons donc une industrie américaine extrêmement puissante, extrêmement concentrée, qui a une capacité à se rationaliser extrêmement importante puisqu'on verra certaines entreprises passer de 9 usines à une usine en moins de six mois : ce sont des choses qu'on n'imagine pas vraiment dans nos pays mais qui sont possibles là-bas. Ce sont aussi des industriels qui bénéficient d'un marché américain extrêmement important avec une présence européenne extrêmement faible. Le marché européen, tout compris est en gros la moitié du marché des Etats Unis ; on peut retenir le chiffre que le rapport 2 est toujours d'actualité entre les Etats Unis et l'Europe que ce soit en terme de marché ou de taille d'entreprises. En revanche, on constate une pénétration américaine très importante en Europe dans un certain nombre de spécialités.

Nous sommes donc en face d'une industrie américaine qui s'est restructurée extrêmement vite, qui bénéficie d'un marché domestique important qui lui sert aussi de plate-forme à l'exportation, soit directement, soit au travers de la vente de systèmes d'armes qui emmènent ces missiles. Enfin, cette industrie bénéficiera pleinement d'un programme tel que la NMD comme en son temps, elle a bénéficié de la SDI.

CONCLUSION GENERALE

-a-

La guerre des missiles : jugement critique

par
Alain BAER
Général (CR)
Directeur d'Etudes à la
Fondation pour la Recherche Stratégique
(FRS)

Pierre Pascallon m'a demandé, en conclusion de cette journée de travail, de formuler un jugement critique sur « La guerre des missiles ».

Nous avons eu, depuis ce matin, toute une série de pertinentes interventions, qu'elles se situent au plan conceptuel, au plan opérationnel ou au plan technique et/ou technique ou technologique.

Il se trouve qu'il y a quelques années – en 1997 – j'ai mené au sein du CREST Ecole Polytechnique de l'époque, et au profit de l'Administration de la Défense, une « étude sur les frappes conventionnelles de longue portée », en d'autres termes des travaux relatifs au développement d'une famille de missiles de croisière dont les caractéristiques correspondent assez précisément à ce qui a été évoqué aujourd'hui.

J'ai noté quelques points à propos desquels je souhaite exercer un esprit critique que, je l'espère, vous trouverez constructif.

1- D'abord le développement considérable des systèmes missiles comme des systèmes antimissiles remet-il en cause la pérennité du pilotage humain d'avions ou d'hélicoptères de combat ?

Je pense qu'il s'agit d'un faux problème, qui est posé depuis plus de quarante années : lorsque, jeunes sous-lieutenants sortant d'Ecole de Chasse, nous sommes arrivés en unités de combat, l'on nous a dit : « *Vous êtes les derniers pilotes ; les fusées vont vous remplacer* »… En réalité, il y a là un aussi long délai qu'entre les premières utilisations d'avions de guerre pendant le premier conflit mondial et mon arrivée à l'Escadron 2/1O, à la fin des années 50, à Creil dans l'Oise.

Certes, les progrès de la technique sont aussi exponentiels qu' impressionnants, surtout dans les domaines de la bataille de l'information et de la transmission des ordres et des données.

Certes, aussi, les théories en cours sur le « Zéro mort » – aussi contestables soient-elles - militent en faveur de l'économie maximale en matière de coût humain, et donc dans celle du remplacement des pilotes par des armes télé ou auto-guidées… Mais je pense en revanche qu'il y aura toujours besoin de moyens pilotés – au moins à moyen terme – , pour la simple raison que la présence « physique » de l'homme dans la boucle constitue, dans beaucoup de cas, une garantie de pertinence pour les choix à faire en face d'une situation de complexité importante. L'on peut en discuter…

2- J'ai évoqué ce matin le problème de l'extension de la **diversification des charges** au domaine nucléaire. Je souhaite apporter quelques précisions à ce propos :

- il faut que cette extension soit versatile de manière à pouvoir, en fonction de la situation qui se présenterait, par nature difficilement prévisible, utiliser le maximum de vecteurs disponibles sans en geler une partie significative au profit d'une seule catégorie de charge militaire ;
- cette proposition est, en terme d'intérêt, fonction des capacités en portée et en précision dont les divers membres de la famille de missiles de croisière futurs pourront disposer. Pourquoi ? Il faudrait des jours pour disserter sur la pertinence et/ou l'éventualité d'utilisation à l'avenir de systèmes d'armes nucléaires, en dehors du cas « classique » des frappes anti-cités. Contre qui ? Dans quel cadre conceptuel ? En revanche, si l'on envisage des frappes anti-forces et/ou ponctuelles, cela devrait pouvoir être intéressant ;
- quoi qu'il en soit, je crois que dans ce domaine il est indispensable à l'avenir de ne plus afficher de concept « politico-opérationnel » précis mais de laisser tout adversaire potentiel imaginer, à partir de ce que nous lui

laisserons savoir des capacités de nos systèmes, qu'ils soient ou non nucléaires, comment le cas échéant nous les utiliserons.

3- Si j'ai bien compris, l'un des intervenants a présenté la séquence suivante : des systèmes antimissiles efficaces mènent à remettre en cause la dissuasion nucléaire, d'où il découle une augmentation de la probabilité d'utilisation des armes nucléaires. J'avoue ne pas très bien saisir ce raisonnement, d'autant plus que l'efficacité des systèmes antimissiles reste à démontrer – quelque respect et admiration que j'éprouve pour les honorables industriels qui développent cette catégorie de systèmes.

4- Cela m'amène au dernier point que je voulais évoquer : développer des systèmes antimissiles constitue-t-il le meilleur moyen pour lutter contre d'éventuelles frappes adverses, qu'elles soient balistiques (c'est ce qui est surtout à l'étude aujourd'hui) ou de croisière ? Ou bien, au contraire, faut-il privilégier un élargissement de la nature de dissuasion, et faire peser sur tous adversaires potentiels, qu'ils soient « *rogue states* » ou non, la menace de frappes précises, efficaces et adaptées aux objectifs qu'ils représentent ?

Je préconise depuis maintenant bien longtemps – près d'une vingtaine d'années – un choix en ce sens. L'Amiral Bétermier se souviendra peut-être que je lui avais présenté, en 1985, lorsqu'il était Chef de Cabinet du CEMA de l'époque, un papier soulignant les liens étroits existant entre dissuasion et action, que l'on se situe dans le monde des armes nucléaires ou des systèmes classiques, et l'intérêt qu'il y a à pouvoir dissuader aussi bien à partir de systèmes d'armement conventionnels que nucléaires. Le débat n'est pas clos dans ce domaine, mais il dépasse largement l'objet de nos travaux d'aujourd'hui. Cela pourrait peut-être constituer le thème d'un prochain colloque de Participation et Progrès ?

-b-

Le MTCR face à la prolifération des missiles

par
Mathieu GROSPEAUD
Etudiant
Titulaire du DESS Défense, module « Sciences Politiques »

Le MTCR[1] est le seul accord international dont l'objectif est de lutter contre la prolifération des missiles. Il nous a donc paru intéressant, à l'heure où le débat sur la prolifération des missiles se focalise sur les programmes de défense antimissiles, de nous interroger sur l'efficacité de cet accord.

Le MTCR a été mis sur pied en 1987 par les 7 Etats les plus industrialisés, et regroupe aujourd'hui 33 Etats parmi lesquels la Russie, la Hongrie, la Pologne, l'Ukraine et l'Afrique du Sud. Il repose sur l'engagement des Etats membres à contrôler, selon des procédures qu'ils fixent en toute souveraineté, les exportations de biens et technologies qui peuvent être utilisés dans la construction de missiles susceptibles de transporter des armes de destruction massive.

I- Les faiblesses du MTCR :

De nombreux analystes estiment que le MTCR n'a pas atteint les résultats qu'il s'était fixés, et constitue en conséquence un échec du régime de non-prolifération des missiles. Les faiblesses du MTCR sont en effet nombreuses :

- **Caractère non-contraignant :**

Tout d'abord, le MTCR est un accord international non-contraignant car il n'édicte aucune norme obligatoire de droit international. En conséquence, chaque Etat reste libre de ses décisions concernant les autorisations ou les refus d'exportation de technologies sensibles. En outre, il n'existe aucun mécanisme de vérification ou de sanction qui permette de s'assurer du respect de l'accord.

- **Le manque de précision des dispositions :**

Ensuite, le MTCR est un accord dont les dispositions manquent souvent de précision. Par conséquent, les Etats

---

[1] **MTCR** : **M**issile **T**echnology **C**ontrol **R**egime (Régime de contrôle de la technologie des missiles)

bénéficient, dans l'application des principes du régime, d'un large pouvoir d'interprétation. Ce pouvoir d'interprétation conduit parfois à des tensions entre les Etats au sujet d'autorisation ou de refus à donner à des demandes d'exportation, ce qui porte atteinte à la cohésion et à l'efficacité du régime. On se souvient par exemple des tensions entre d'une part les Etats-Unis et d'autre part la Grande-Bretagne et la France lors de la vente, en 1998, des missiles *Black Shaheen* aux Emirats Arabes Unis.

Conséquences :

Quelles sont les conséquences des faiblesses de l'accord ?

- Tout d'abord, le MTCR a été incapable de mettre un terme à la prolifération, comme l'ont prouvé les nombreux tests de missiles qui se sont déroulés durant les années 90. Le MTCR demeure en particulier impuissant à neutraliser les réseaux de coopération technique qui se sont mis en place en marge du MTCR et qui permettent aujourd'hui à des Etats comme le Pakistan, l'Iran ou la Corée du Nord de disposer de missiles d'une portée supérieure à 1.000 km.
- Ensuite, le régime n'a pas pu empêcher certains Etats membres de fournir des technologies sensibles à des pays n'appartenant pas au MTCR. La Russie est notamment souvent suspectée de fournir des technologies de missiles à certains Etats proliférants, sans que l'on sache, dans de nombreux cas, si ces transferts se font avec la complicité de l'Etat ou sont le fait d'industriels en dehors de tout contrôle de l'Etat.

Malgré tout, il serait injuste de ne retenir du MTCR que ses faiblesses et échecs.

II- L'efficacité du MTCR :

Le MTCR a en effet joué un rôle positif dans la lutte contre la prolifération des missiles de plusieurs manières :

Le MTCR a contribué au ralentissement des transferts de technologies les plus avancées vers les pays proliférants. Si l'Inde dispose aujourd'hui de missiles balistiques de longue portée, ce n'est pas grâce aux transferts de technologies en provenance des pays occidentaux, comme ce fut le cas dans les années 60, mais grâce à la poursuite d'un programme autonome. Il est probable, de manière plus générale, que le perfectionnement des missiles aurait été encore plus rapide si certains États fournisseurs de technologies de missiles ne s'étaient pas engagés, au travers du MTCR, dans une politique de limitation et de contrôle des exportations.

Le MTCR a également contribué à l'abandon par plusieurs États (notamment l'Argentine, le Brésil et l'Afrique du Sud) de leurs programmes de missiles, grâce à l'engagement de ses membres à ne pas fournir à ces États les technologies sensibles sur lesquelles reposaient en grande partie leurs programmes.

Enfin, le MTCR a donné un nom et une légitimité - certes imparfaite mais malgré tout réelle - à la lutte contre la prolifération des missiles, légitimité dont ne jouissent pas actuellement les programmes de défense antimissiles.

Conclusion :

Il apparaît en définitive que le bilan du MTCR est mitigé. Si le régime peut au mieux ralentir l'avancement de certains programmes, il ne peut pas, à lui seul, dissuader les États qui souhaitent réellement se doter de missiles de parvenir à leurs fins. C'est pour cette raison que les États s'interrogent aujourd'hui sur les moyens à mettre en œuvre pour lutter plus efficacement contre la prolifération des missiles. De ce point de vue, la décision américaine de développer des programmes de défense antimissiles peut sembler justifiée. Malgré tout, cette orientation ne doit pas se substituer aux efforts diplomatiques et juridiques de lutte contre la prolifération, ni constituer un obstacle au perfectionnement des instruments existants. Dans cette perspective, plusieurs voies pourraient être explorées :

- La première serait de renforcer le régime actuel afin, par exemple, de préciser les dispositions de l'accord, et ainsi de limiter le pouvoir d'interprétation des États.
- La deuxième serait d'adopter le code de conduite internationale (dont le projet a été accepté en octobre 2000) qui prévoit d'instaurer des mesures de confiance entre les États signataires qu'ils soient membres ou non du MTCR.
- Enfin, la troisième, probablement la plus complexe à mettre en œuvre, serait d'adopter un traité international créant de véritables obligations juridiques pour les États membres.

Cependant, la diversité des intérêts économiques, stratégiques et politiques des États demeure le principal obstacle à la crédibilité et à l'efficacité du régime. Pour renforcer le régime de non-prolifération, il est impératif d'élargir le consensus politique entre les États, car, si le déploiement de systèmes de défense antimissiles peut permettre de protéger des troupes voire des États d'une attaque balistique, nous pouvons nous interroger sur leur efficacité dans la lutte contre le phénomène de prolifération des missiles.

POST-FACE

par
Pierre LACOSTE
Amiral
Ancien Directeur Général de la DGSE

Depuis plus d'un demi-siècle la question des missiles est étroitement liée à l'histoire des forces militaires et à celle des problèmes stratégiques et des relations internationales.

Le premier missile balistique opérationnel, le V2, a été lancé sur Londres en 1944. En dépit de l'accumulation des défaites sur tous les fronts et de l'épuisement de ses armées, Hitler croyait encore que les effets terrifiants de ses armes nouvelles pourraient renverser le cours de la guerre. Après l'offensive des V1, contre lesquels les Britanniques avaient su rapidement trouver des parades, aucune défense anti-aérienne n'était en mesure d'intercepter ces fusées supersoniques tombant de la stratosphère. Heureusement pour l'avenir de l'humanité, l'Allemagne nazie n'avait pas réussi à maîtriser l'explosif nucléaire. Hitler a perdu son pari, mais la réalisation des V2 avait définitivement ouvert un nouveau chapitre dans l'histoire des armements.

Dès 1945 les Américains et les Soviétiques se sont livrés à une compétition farouche en cherchant à récupérer à leur profit les technologies et le savoir-faire des ingénieurs allemands. Les artilleurs russes, traditionnellement remarquables, avaient pris de l'avance dans les recherches sur les fusées ; en 1943 ils mettaient déjà en oeuvre les « orgues de Staline » aux effets spectaculaires. Mais il leur faudra plus d'une dizaine d'années pour apporter la preuve de leur suprématie en lançant le premier satellite artificiel, le *Spoutnik*, en octobre 1957.

Dès lors l'histoire des missiles se conjugue avec celle de la conquête de l'espace. Etre capable de mettre des satellites en orbite, c'est également être en mesure de déployer des missiles balistiques intercontinentaux. L'aventure spatiale avait commencé ; le défi stratégique allait prendre des formes inédites.

Sur le plan militaire, la perte du monopole atomique américain a provoqué entre l'Est et l'Ouest une course aux armements d'une telle ampleur que les deux superpuissances ont construit des arsenaux stratégiques nucléaires démesurés. Il a fallu plusieurs crises, en particulier celle des « missiles de Cuba », pour que les responsables politiques, à Washington comme à Moscou, prennent pleinement conscience des conséquences suicidaires de cette situation, et pour qu'ils admettent la validité du concept de dissuasion ; plusieurs traités ont consacré cette compréhension ; ils ont permis d'arrêter une escalade démentielle et de conforter les équilibres d'une « dissuasion pacifiante ».

Je ne reviendrai pas ici sur l'histoire des confrontations du temps de la guerre froide et de leurs conséquences ; plusieurs intervenants les ont évoquées en soulignant les caractéristiques et les paradoxes de la lutte anti-missiles balistiques. Je ne reviendrai pas non plus sur les développements des autres catégories de missiles militaires. Les exemples cités lors de cette réunion rappellent qu'ils sont présents désormais sur tous les théâtres d'opérations et à tous les niveaux, tactique, opératif et stratégique. Les générations successives, regroupées en « familles », selon des schémas qui rappellent les phénomènes d'évolution et d'adaptation biologiques qu'on observe dans la nature, intègrent les innovations technologiques dès leur apparition, pour s'adapter aussitôt aux changements très rapides du contexte opérationnel ; les missiles deviennent de plus en plus autonomes et de plus en plus « intelligents » ; ainsi, grâce à la numérisation du terrain, les missiles de croisière peuvent atteindre tout point du globe en esquivant les défenses adverses.

Conformément à la dialectique habituelle entre les armes offensives et les défensives - « l'épée et le bouclier » -, le développement des anti-missiles est inéluctable ; il se poursuivra tant qu'il y aura des confrontations armées. Cependant les anti-missiles *stratégiques* échappent aux schémas de la logique conflictuelle classique. Je viens de rappeler qu'ils ont radicalement changé les données politiques et stratégiques de la guerre totale parce que ce sont des vecteurs à très longue portée, qui portent des armes de destruction massive et qu'aucune défense ne pourra jamais les détruire à cent pour cent pour peu qu'ils soient lancés en grand nombre. Le Traité ABM avait consacré cet état de fait et l'**I**nitiative de **D**éfense **S**tratégique (**IDS**), la « guerre des étoiles » de D.Reagan, répondait à un triple but dans le contexte de la guerre froide :

- achever d'épuiser une économie soviétique déjà moribonde par un nouvel épisode de la course aux armements ;
- permettre au pays phare de l'économie libérale, idéologiquement opposé aux interventions de l'Etat dans le fonctionnement des entreprises, d'apporter des subventions massives aux centres de recherche et aux industries de pointe américaines ; un avantage qui allait se révéler décisif pour des activités d'avenir comme l'espace, l'information, l'aéronautique dans le contexte de la compétition économique mondiale ;
- enfin, troisième objectif, qui est du domaine de la politique intérieure et de la propagande électorale, dire au citoyen américain qu'on va renoncer à la stratégie « immorale » des représailles massives, - MAD -, pour les protéger par un « bouclier » placé au-dessus de leurs têtes et pour leur donner bonne conscience tout en les appelant à un effort budgétaire massif au profit des forces armées.

L'IDS a incontestablement contribué à hâter la chute de l'URSS, mais dix ans après la fin de la guerre froide, les tentatives de relance d'une défense stratégique par l'administration de G.W.Bush ne peuvent plus s'appuyer sur des arguments de même valeur : la menace des missiles soviétiques a pratiquement disparu depuis que la Russie n'est plus une superpuissance, l'éventualité de représailles massives n'est pas d'actualité. En dépit des acrobaties verbales qui cherchent à accréditer les risques d'attaque par des missiles d'« Etats voyous », personne ne croit vraiment en l'efficacité d'un bouclier défensif pour protéger le territoire des Etats-Unis. Plusieurs personnalités ont déjà dénoncé ce mythe illusoire en le comparant à une nouvelle « ligne Maginot » susceptible d'être tournée par d'autres formes d'agression. Elles dénoncent aussi l'influence du « lobby militaro-industriel », celui contre lequel le Président Eisenhower avait mis en garde ses compatriotes, après avoir notamment constaté que l'US Air Force avait délibérément surestimé les chiffres de la production des bombardiers soviétiques afin d'obtenir du Congrès des crédits supplémentaires.

Comme l'a fort bien dit l'Amiral Bétermier dans l'introduction à ce colloque, il est heureux que l'industrie européenne se soit mise en état de contrebalancer le monopole américain ; c'était une des conditions d'un rééquilibrage indispensable. Mais si la concurrence s'impose en matière d'économie mondiale, elle est encore plus nécessaire aux plans militaire, stratégique et politique.

Du point de vue militaire et stratégique les options américaines, qui reposent pour l'essentiel sur la supériorité obtenue par la « haute technologie », conduisent à développer des armes de plus en plus sophistiquées. Ces options sont contestables et loin d'être confirmées par les faits surtout dans les nouvelles formes de conflit qui échappent aux schémas manichéens opposant « les bons et les méchants ».

D'un point de vue politique la NMD procède aussi de la philosophie du « zéro-mort » ; les soldats des armées de « riches », doivent faire la guerre en courant un minimum de risques, tout ayant bonne conscience dès lors que leurs armes sont conçues pour « réduire les dommages collatéraux » ! Je reconnais, en écrivant ceci, les aspects caricaturaux de ma présentation ; mais n'est-ce pas ainsi que nous perçoivent les peuples moins nantis que nous ? Le plus grand reproche que je fais à la NMD est de relancer la course aux armements en remettant en cause les traités et les dispositifs de sécurité établis par les grandes puissances pour que la guerre froide ne dégénère pas en troisième guerre mondiale.

Aujourd'hui les atouts de la superpuissance n'appartiennent qu'aux Etats-Unis. Il est heureux que ce soit une grande démocratie dont nous partageons les principales valeurs ; mais il n'est pas bon que son gouvernement actuel profite de cette situation de monopole pour décider unilatéralement de l'avenir des armes anti-missiles stratégiques.

Comme la France l'a réaffirmé dans le Livre Blanc de 1994, la dissuasion nucléaire demeure l'*ultima ratio* de la sécurité car on ne « désinventera pas » les armes de destruction massive ; tout développement non concerté de défenses stratégiques serait de nature à la compromettre.

Les Européens, qui sont désormais en position de faire entendre leur voix au plan industriel, ont le devoir de dialoguer d'égal à égal avec leur partenaire transatlantique pour placer les débats politiques et stratégiques sur les missiles dans le contexte général des équilibres de la paix mondiale.

BIBLIOGRAPHIE

Etablie par
Pierre PASCALLON
Professeur Agrégé de Faculté

I- Ouvrages

BERMAN (R) : Les missiles, Editions Bordas, 1984

BRODIE (B) : Strategy in the missile age, Princeton University Press, 1959

CARLIER (C) : La passion de la conquête d'Aerospatiale à EADS, Editions du Chêne, 2001

CIRERA (D) : Des missiles pour quoi ?, Editions Messidor-la Farandole, 1990

CLANCY (T) : Avions de combat, Albin Michel, 2000

HUYGHE (F-B) sous la direction de : L'information, c'est la guerre, Editions Charles Corlet, 2001

LEMONNIER (P) et **LATOUR** (B) : De la préhistoire aux missiles balistiques, Editions La Découverte, 1994

MERCILLON (P) : Le Milan au combat : la légende d'un missile, ETAI, 1997

Ministère des Armées (Direction technique des armes et de l'instruction) : Le missile HAWK M 3 : description, service, entretien, Atelier d'impression de l'Armée, 1973

POGGI (J) et **DORLEAC** (B-M) : Performances et structures du missile balistique, Ecole Nationale de l'Aéronautique, 1960

RANDIER (J) : La Royale : l'histoire illustrée de la Marine Nationale française, la torpille et le missile, Tome III, M.-D. Vrac, 1998

WAUTELET (M) : Les missiles intelligents. De la tempête du désert à la guerre des étoiles, Editions Labor, 1992

II- Articles

Air Actualités : « Les missiles », N°487, novembre-décembre 1995

ALCARAZ (A) : « Le point sur le MLRS (Multiple Launch Rocket System) », Raids, mars 2001

BIGOT (L) : « Le CEM pointe l'Aster vers la qualification », Info-DGA, août 1999

BOMBEAU (B) et **BRUNET** (P) : « Les enjeux de la défense anti-aérienne », Air et Cosmos, N°1787, 16 mars 2001

BONNEVIE (E) et **GUIGNOT** (R) : « Du feu grégeois aux missiles du IIIème millénaire », L'Armement, N°51, mars 1996

BREGIER (F) : « The Airbus of the missiles business is born », Special EADS – DCS – supllement to Interavia, N°654, juin 2001

BRUNET (P) : « Le renouveau des missiles anti-navires », Air et Cosmos, N°1685, janvier 1999

CARDAMONE (J-Ch) et **LESBRE** (O) : « Les missiles AASM, Apache et Scalp/EG », L'Armement, juin 1999

CARMONA (R) : « La lutte contre la prolifération des misssiles », Défense Nationale, août-septembre 2001

CONZE (H) : « Les missiles, systèmes d'armes », Centraliens, N°472, janvier 1996

DELETANG (S) : « Le programme Meteor », L'Armement, N°74, juin 2001

DUPONT (J) : « Quel missile pour l'Europe ? », Air et Cosmos, N°1703, 14 mai 1999

DUPONT (J) : « Quatre nouveaux missiles en cinq ans », Air et Cosmos, N°1749, 12 mai 2000

DUPONT (J) : « L'Aster sera antibalisitique dès 2005 », Air et Cosmos, N°1755, 23 juin 2000

DUPONT (J) : « Le Meteor porte haut les ambitions de l'Europe des missiles », Air et Cosmos, N°1776, 22 décembre 2000

DUPONT (J) : « Le Scalp a effectué son premier tir », Air et Cosmos, N°1779, 19 janvier 2001

DUPONT (J) : « L'Europe des missiles enfin sur les rails », Air et Cosmos, N°1794, 4 mai 2001

DUPONT (J) : « Missiles air-air : Israël vole la vedette à l'Europe », Air et Cosmos, N°1800, 15 juin 2001

DUPONT (J) : « Missiles de croisière : le concept évolue », Air et Cosmos, N°1800, 15 juin 2001

DUPONT (J) : « La France affirme sa doctrine dans les antimissiles », Air et Cosmos, N°1805, 20 juillet 2001

DUVAL (M) : « La prolifération des armes de destruction massive », Défense Nationale, août-septembre 2001

FERRARD (S) : « Missiles anti-navires : encore une longue vie pour les Exocet », Revue Aérospatiale, décembre 1998/janvier 1999

FERRARD (S) : « Le Meteor offrira la maîtrise de l'espace aérien », Planet Aerospace, N°1, novembre/décembre 2000

FERRARD (S) : « Scalp/Storm Shadow. Le missile de croisière européen pile au but à 250 km de distance », Planet Aerospace, N°3, avril-mai-juin 2001

ISNARD (J) : « Les antimissiles deviennent l'enjeu d'un nouveau défi euro-atlantique », Le Monde, 21 juin 2001

JAN (G) : « Missile Mica : deux en un », Info-DGA, N°106, septembre 1998

LANGEREUX (P) : « MBDA, le leader européen et n°2 mondial des missiles », supplément à Air et Cosmos, N°1800, 15 juin 2001

RANNOU (J) : « Le tournant stratégique des armements de précision », Science et Vie, juin 2001

Revue Aérospatiale (d'après) : « Aster : le top de l'antimissile », www.netmarine.net, décembre 2000

SANDROCK (V) : « La famille Aster. Une gamme de missiles antimissiles », Armées d'Aujourd'hui, N°257, février 2001

SCRIBA (J) : « Le Scalp naval : missile de croisière porté par les frégates et les sous-marins », Défense Nationale, N°4, avril 2001

TABLE DES MATIERES

www.ingramcontent.com/pod-product-compliance
Lightning Source LLC
LaVergne TN
LVHW050649051026
849532LV00002B/580
* 9 7 8 2 7 4 7 5 1 6 3 5 8 *